D1924205

Martin Limbeck

Nicht gekauft hat er schon

Martin Limbeck

Nicht gekauft hat er schon

So denken Top-Verkäufer

REDLINE | VERLAG

Bibliografische Information der Deutschen Nationalbibliothek:
Die Deutsche Nationalbibliothek verzeichnet diese Publikation in der Deutschen Nationalbibliografie; detaillierte bibliografische Daten sind im Internet über http://d-nb.de abrufbar.

Für Fragen und Anregungen:
limbeck@redline-verlag.de

4. Auflage 2011

© 2011 by Redline Verlag, Münchner Verlagsgruppe GmbH, München,
Nymphenburger Straße 86
D-80636 München
Tel.: 089 651285-0
Fax: 089 65209611

Alle Rechte, insbesondere das Recht der Vervielfältigung und Verbreitung sowie der Übersetzung, vorbehalten. Kein Teil des Werkes darf in irgendeiner Form (durch Fotokopie, Mikrofilm oder ein anderes Verfahren) ohne schriftliche Genehmigung des Verlages reproduziert oder unter Verwendung elektronischer Systeme gespeichert, verarbeitet, vervielfältigt oder verbreitet werden.

Umschlagabbildung: © Martin Limbeck
Satz: HJR, Jürgen Echter, Landsberg am Lech
Druck: GGP Media GmbH, Pößneck
Printed in Germany

ISBN 978-3-86881-288-6

Weitere Infos zum Thema
www.redline-verlag.de
Gerne übersenden wir Ihnen unser aktuelles Verlagsprogramm.

Inhalt

Vorwort von Nina Ruge

Liebe Leserin, lieber Leser,

mit der Vertriebsbranche habe ich ja so gar nichts zu tun .... dachte ich, als Martin Limbeck mich bat, einen Blick in dieses Buch zu werfen. Verkäufer und Vertriebsprofis haben meinen Respekt. Nur: Es ist eher ein Respekt, den ich auch für Wölfe hege. Ich bin aber Hunde-Fan ...

Trotzdem habe ich neugierig die Kapitel gelesen, die er mir geschickt hat. Und siehe da: Was ich las, fand ich witzig, frech, gehaltvoll – und sehr ehrlich.

Da wurde mir klar, dass dieses Buch mir doch so einiges zu sagen hat. Auch ich muss mich immer wieder neu verkaufen. Auch mein großes Thema ist das stetige Bemühen ums »Authentischsein«, darum, bei mir selbst zu bleiben, während ich da draußen in der Welt die Fernsehzuschauer, die Teilnehmer von Kongressen, Podiumsdiskussionen, Gala-Events motivieren möchte, »dranzubleiben« ähnlich wie Martin Limbeck das sehr eindrücklich für das Verkaufen beschreibt.

Ich lege Ihnen dieses Buch ans Herz, nicht nur, weil Sie nach dem Lesen mit guter Wahrscheinlichkeit mehr Umsatz machen als vorher, sondern weil das Buch Ihnen Mut macht, zu sich selbst zu stehen – zwar mit Leidenschaft Ihre Produkte oder Dienstleistungen zu verkaufen, aber nicht Ihre Seele.

Vielleicht mag dann mancher von Ihnen so weit gehen wie Deutschlands Unternehmer-Legende Robert Bosch, dessen Leitmotto war: »Lieber Geld verlieren als Vertrauen.«

Einen großen persönlichen Gewinn beim Lesen wünscht Ihnen

Nina Ruge

Auf ein Wort

»Nicht gekauft hat er schon«: Das ist einer meiner Lieblingssätze, wenn ich mit meinen Teilnehmern und Zuhörern über die richtige Einstellung im Verkauf spreche. Ich habe dieses Zitat ganz bewusst zum Titel meines Buches gemacht, weil es sehr gut ausdrückt, wo im Verkauf bei vielen Kollegen der Schuh drückt. Nämlich bei der inneren Einstellung.

Für mich sind die innere und äußere Haltung eines Menschen die Schlüsselfaktoren für einen überragenden Erfolg jenseits des Mittelmaßes. Das gilt nicht nur für Verkäufer, sondern für jeden Menschen, egal in welchem Alter oder in welchem Beruf.

Leser und Leserinnen, die schon meine anderen Bücher oder den Bestseller »Das neue Hardselling. Verkaufen heißt verkaufen« kennen, wissen, dass ich nicht zu den Menschen gehöre, die ein Blatt vor den Mund nehmen. Jammerer, Buchhaltertypen und die Funktioniert-bei-uns-sowieso-nicht-Typen waren mir schon immer ein Graus. Und deshalb war es mir ein besonderes Anliegen, zum Thema Selbstbewusstsein, Haltung und Einstellung ein eigenes Buch zu schreiben. Es soll »Das neue Hardselling« in einer ganz besonderen Art ergänzen und erweitern. Diesmal geht es nicht zentral um die richtige Gesprächsführung, Abschlusstechniken, Einwandbehandlung oder den konsequenten Abschluss, sondern um die richtige Denke ...

Erfolg!

... die richtige Denke – das ist für mich die größte Herausforderung, vor denen die meisten der Verkäufer stehen. Als ich die ersten Seiten geschrieben habe, ist mir immer klarer geworden, dass ich damit im Grunde ein Buch über Erfolg schreibe. Die meisten Erfolgsbücher finde ich wenig überzeugend. Ich war noch nie so, wie die meisten der Leute, die über Erfolg schreiben. Ich war zum Beispiel nie pleite oder ganz unten, um dann wie Phönix aus der Asche wieder aufzustehen. Ich musste es also anders anpacken. Statt meiner »Erfolgsgeschichte« habe ich viele eigene, für sich genommen gar nicht so ungewöhnliche Erlebnisse, Begegnungen - auch Situationen und Geschichten - genommen, einfach das wahre Leben, weil ich glaube, dass sie für viele Verkäufer exemplarisch sind. Dann habe ich beschlossen mich zu trauen, ausdrücklich von MEINEN Erfolgen zu schreiben – ja, ich bin heute erfolgreich. Kaum einer traut sich das zu sagen: Ja, ich bin erfolgreich. Ja, ich bin ein Top-Verkäufer. Wenn du das sagst, grenzt du dich ja fast aus oder begehst Körperverletzung an der eigenen Person. In unseren Breitengraden ein Tabubruch!

Wäre das Selbstbeweihräucherung? Ich bin der Meinung: Wer anderen den Erfolg nicht gönnt, ist neidisch. Ich glaube, dass du dir Neid erarbeiten musst. Mitleid bekommst du geschenkt. Und die Neider sitzen immer im engsten Umfeld. Also habe ich mich getraut, von mir selbst zu schreiben, von meinen Erfolgen – und von meinen Misserfolgen. Gönnen Sie es mir! Ich gönne es Ihnen auch.

Mut!

Ja, auch die Misserfolge gehören dazu. Sie lesen von den harten Lektionen, die mir das Leben erteilt hat, von den Fettnäpfchen, in die ich leichtfertig getappt bin und von Begegnungen mit Menschen, die meinen Stil in keinster Weise gemocht haben.

Das ganze sollte aber keine Autobiographie werden. Denn das Wichtigste für mich in diesem Buch sind Sie! Ich will Sie mit diesem Buch ermutigen, Ihren eigenen Weg zu gehen. Konsequent, und ganz egal, was andere sagen, auch wenn es manchmal hart ist. Dafür kann ich durchaus ein Leitbild sein, das habe ich drauf und nehme dafür auch einiges in Kauf. Ich sage aber nicht, dass Sie es GENAU SO machen sollen wie ich. Ich habe dieses Buch nicht deshalb so persönlich geschrieben, um allen zu zeigen, was für ein toller Hecht ich bin, sondern damit Sie sehen, dass auch einer, der aus einer einfachen Bergmannsfamilie aus dem Ruhrgebiet stammt, etwas im Leben gebacken kriegen kann – du musst nur brennen für das, was du machst! Werde stark!

Im Verkauf fehlen heute vor allem Typen! Originale mit Ecken und Kanten. Verkäufer, die mit Stolz sagen: Guten Tag, ich bin Verkäufer und ich will Ihnen was verkaufen! – Darum geht es mir mit diesem Buch. Vor allem darum, Ihnen Mut zu machen. Ihre Leidenschaft und Begeisterung zu wecken. Raus aus der Verlustangst, rein in den Mut, beim Kunden etwas Intuitives, etwas Verrücktes zu machen, etwas ganz Anderes als 08/15. Schluss zu machen mit dem Dienst nach Vorschrift!

»Wer einmal sich selbst gefunden hat, der kann nichts auf dieser Welt verlieren«, meinte Stefan Zweig, und das gilt auch für Top-Verkäufer.

Um das Buch für Sie so klar und verständlich wie möglich zu gestalten, habe ich ganz bewusst darauf verzichtet, jeweils die männliche und weibliche Anrede zu verwenden. Wer mich kennt, weiß, dass ich Frauenpower im Verkauf überaus schätze. Deshalb ist selbstverständlich mit Verkäufer auch immer die Verkäuferin, mit Kunde auch die Kundin gemeint. Ich habe nur keine Lust, das ganze Buch hindurch »/innen« zu schreiben und ich fände es für Sie auch anstrengend zu lesen.

Dank!

Von all meinen Kunden, den Teilnehmern meiner Trainings, Vorträge und Coachings und von meinen Kollegen habe ich über die Jahre unglaublich viel gelernt. Sie haben mich immer wieder angespornt, mein Bestes zu geben. Dafür möchte ich mich von Herzen bedanken!

Vielen Dank auch meinen Freunden und meiner Familie und ganz speziell meinen Eltern, die immer an mich geglaubt haben, auch in den größten Krisen. Egal, was ich angestellt habe, sie waren immer für mich da, bis heute. Danke!

Martin Limbeck

Königstein im Februar 2011

Einstellung: Was Verkaufen zum Verkaufen macht

Schweigen. Einundzwanzig. Zweiundzwanzig. Dreiundzwanzig. Beantworten Sie mir bitte eine Frage: Wenn Sie dieses Buch zu Ende gelesen haben und wenn Sie dem, was Sie gelesen haben, bis auf wenige Ausnahmen zustimmen, und wenn wir uns dann insgesamt einig sind, dass ich hier die Wahrheit gesagt habe und nichts als die Wahrheit, werden Sie dann beim nächsten Verkaufsgespräch stolz, selbstbewusst und von Herzen gerne Verkäufer sein?

Da möchte ich jetzt eine Antwort von Ihnen: Wenn das Buch Sie davon überzeugt, dass Verkaufen eine edle Sache ist, werden Sie dann aufhören, sich vor dem Kunden klein zu machen? Sich einzureden, Sie würden etwas Schlechtes, Schmutziges oder irgendwie Anrüchiges machen, wenn Sie Menschen etwas verkaufen?

Werden Sie dann aufhören, ständig von sich zu behaupten, Sie könnten sich nicht gut verkaufen?

Werden Sie dann immer lange Socken tragen?

Sagen Sie Ja. Dann können Sie gerne weiterlesen. Einverstanden?

Es kann Ihnen nichts passieren. Als Leser dieses Buches gewinnen Sie in jedem Fall: Entweder Sie kaufen mir das hier nicht ab, dann bekommen Sie endlich Gewissheit, dass Ihre bisherige Einstellung zum Verkaufen doch ganz okay und passabel war. Oder Sie kaufen, dann bekommen Sie hier die Impulse für eine bessere Einstellung zu Ihrem Beruf und für mehr Erfolg in der Zukunft. Lesen kostet Zeit, ein schlechtes Geschäft können Sie trotzdem nicht machen, vielleicht wird es sogar ein sehr gutes.

Dieses Buch ist ein Angebot. Machen Sie es wie Henry Ford oder wie meine Oma: Prüfen Sie jedes Angebot stets gründlich. Denn es könnte das Angebot Ihres Lebens sein. Prüfen Sie mein Angebot JETZT!

Das wichtigste Prinzip des Verkaufens

Wenn der frisch gebackene Versicherungsnehmer den freundlichen Versicherungsvertreter zur Tür begleitet, wenn er sie hinter ihm schließt, sich am Kopf kratzt und sich fragt, warum er jetzt so unsicher ist, ob er bei der Glasversicherung in der neuen Hausratversicherung nicht doch ein wenig mehr Widerstand hätte an den Tag legen sollen und ob er jetzt nicht doch ein wenig überversichert ist, dann ist mal wieder ein ungeschriebenes Gesetz gebrochen worden.

Sie als Verkäufer sollen ein für allemal begreifen, dass Sie erstens nicht dazu da sind, dem Kunden sein Geld wegzunehmen und dass Sie zweitens nicht die Aufgabe haben, ihn zu betreuen. Weder hauen Sie ihn übers Ohr, noch halten Sie sein Händchen. Sie sind nicht Betrüger von Beruf und Sie haben auch keine Mission zur Kundenbeistandschaft. Sie sind weder das Finanzamt noch Mutter Beimer.

Was also tun Sie stattdessen? Sie bieten einen Deal an, einen Vertrag auf Gegenseitigkeit. Do ut des, wie der Lateiner sagt: Ich gebe, damit du gibst. Verkäufer geben und nehmen, der Kunde nimmt und gibt. Beide müssen auf freiwilliger Basis etwas beitragen, beide haben etwas davon.

Sie sind nicht Betrüger von Beruf!

Das ist eine offene, transparente, faire, gerechte Sache, die auf eine langfristige Festigung der Beziehung angelegt ist. Dieses uralte Prinzip Gegenseitigkeit ist nicht nur eine Rechtsformel für gegenseitige Verträge, sondern ein Grundsatz für jede soziale Gemeinschaft, die länger als einen halben Tag Bestand haben soll: Es ist das Reziprozitätsprinzip. Ich und Du, wir geben uns darauf die Hand, wir machen einen Handel. Und wir machen ihn so, dass wir uns beim nächsten Treffen wieder in die Augen schauen können. Wer dieses Prinzip nicht kapiert hat, ist ein Wilder. Und hat mehr von einem Dieb als von einem Verkäufer.

Mensch, das ist eine ernste Sache. Das ist die Basis unserer Kultur. Wir werden schon in frühester Kindheit dazu erzogen, uns für Gefälligkeiten zu revanchieren, jeden Handel mit Anstand abzuschließen. »Hast du auch Danke gesagt? Komm, sag's nochmal, ein bisschen lauter!« Offen stehende Verpflichtungen empfinden wir als Belastung. Etwas schuldig geblieben zu sein, den anderen über den Tisch gezogen zu haben, ist ein unangenehm kaltes Gefühl. Auch wenn die Reibung zwischen seinem Hemd und der Tischplatte dabei ein wenig Wärme erzeugt. Gewissenssache. Jedenfalls geht es mir so. Ihnen auch.

Politiker, Manager, Banker, Versicherungsvertreter und andere soziale Randgruppen haben heute schwer um ihren Ruf zu kämpfen. Warum? Schlechte Verkäufer! Sozialer Unfriede entzündet sich immer zwischen Privilegierten und Diskriminierten. Oder anders gesagt: Zwischen denen, die bei einem Geschäft mehr bekommen haben als ihnen zusteht, und denen, die dabei zu kurz gekommen sind. Gleichheit ist nach einer aktuellen Allensbach-Umfrage der wichtigste Wert für die Deutschen. Nicht Einigkeit und Recht und Freiheit, sondern Gleichheit. Das ist ganz schön schräg für einen Individualisten wie mich. Aber aus meiner Sicht ist diese Schieflage das Ergebnis schlechter Geschäfte, die das Prinzip der Gegenseitigkeit missachtet haben.

Mensch, der Limbeck, jetzt spinnt der total.

Betrügen trennt. Verkaufen vereint. Was hat Familien zu Sippen und Stämmen zusammengeschlossen? Der Handel durch Arbeitsteilung. Ich gehe jagen, du hütest das Feuer und du sammelst Beeren. Faires Geschäft. Was hat Stämme zu Völkern verbunden? Der Handlungsreisende, der Feuerstein und Felle verkauft hat, und der Markt, auf dem sich Angebot und Nachfrage ausgeglichen haben. Und was verbindet heute seit kurzem die Völker? Die bezahlte Google Adwords-Anzeige, die Menschen aus der ganzen Welt auf meine Website bringt, und all die anderen weltumspannenden Geschäfte, die wir alle ständig tätigen. Wer etwas verkauft, verbindet die Welt. Kommuniziert. Bringt Menschen zusammen. Einverstanden?

Mensch, werden Sie sagen, der Limbeck, jetzt spinnt der total. War das nicht der Hardseller? Ja, sag ich, ich bin immer noch der Hardseller. Und spinnen tue ich keineswegs. Denn wer ein guter Verkäufer ist, tut dabei nicht nur Gutes, sondern hat auch noch langfristig Erfolg. So richtig Erfolg. Wer Gutes tut, wird nämlich seinen gerechten Lohn erhalten. Das können Sie glauben.

Ich gehe lieber zehnmal zum Kunden und kann mich jeden Abend im Spiegel angucken, als dass ich nur einmal hingehe, absahne und mich dann weder beim Kunden noch im Spiegel mehr blicken lassen kann.

So, Freunde, und wenn das alles so ist – geben, Gutes tun, Welt verbinden, Fairness, Nachhaltigkeit –, wenn Verkaufen eine noble Tat und unsere heilige Pflicht ist, dann wagt ihr es hinzugehen und zu behaupten, ihr wollt nur beraten? Dann schreibt ihr auf eure Visitenkarte Firmenkundenbetreuer? Kundenberater? Gebietsleiter? Repräsentant? Consultant? Dann tut ihr so, als wärt ihr zum Kaffeetrinken und Smalltalk gekommen? Weil ihr Angst habt zu sagen, was ihr seid? Verkäufer seid ihr! Und stolz darauf!

Haltungsfrage

Wenn ein Top-Verkäufer etwas verkauft, ist er geradeheraus. Was die Einstellung der besten Verkäufer außerdem ausmacht: Fokus. Zielorientierung. Entschlossenheit.

Wenn Sie zum Kunden gehen, was nehmen Sie zu ihm mit? Ja, natürlich Ihr Fachwissen. Logisch, das ist das Fundament, auf das Sie bauen können. Einverstanden? Und Ihre Verkaufsunterlagen. Und Ihr Wissen über den Kunden, von A wie Aufgabengebiet bis Z wie Zigarettenmarke. Und ein Outfit, das Sie als Verkäufer verkauft, der ernst genommen wird. Dazu kommen wir später nochmal gründlicher. Alles klar? Und was noch? Eine positive Einstellung, klar, die begründete Hoffnung auf einen Abschluss.

Moment.

Was steht da? Hoffnung? Jetzt hat der Limbeck Sie aber hinters Licht geführt. Hoffnung? Nein, Sie hoffen nicht. Sie sind entschlossen! Hoffnung ist aufgeschobene Enttäuschung. Machen Sie sich das bitte klar: Hoffnung. Ist. Aufgeschobene. Enttäuschung.

Die Form von Optimismus, die Sie zum Kunden mitnehmen, ist freudige Entschlossenheit. Der Fokus auf das Verkaufen, auf das Ergebnis, auf den Abschluss. Wenn Sie davon überzeugt sind, dass es gut ist für den Kunden, bei Ihnen zu kaufen, dann wollen Sie um alles in der Welt einen Abschluss, und Sie tun voller Freude alles dafür, was nötig ist, um diesen Abschluss zu machen.

Voller Freude. Und Freude strahlen Sie aus.

Wenn ich in den Unternehmen die typischen Verkaufsmannschaften VOR meinem Training sehe, dann starren mir allzu oft entgegen: Lebende Leichen. Beerdigungsstimmung. Gefrorene Gesichter. Zaghafte Körpersprache. Leise Stimmen. Aber viel zu selten: Spaß!

Hoffnung ist aufgeschobene Enttäuschung.

Mir können Sie's glauben, ein Kunde hat mir mal gesagt, ich sei der Paulus des Verkaufens: Gerade aus der Ernsthaftigkeit entspringt meine Freude. Sie werden bei mir niemals bedenkliches, weinerliches Gemurmel hören wie beispielsweise auf zu vielen Kanzeln in zu vielen Kirchen heute. Bei mir hören Sie auch nie zaghaftes Gestammel wie in zu vielen Verkaufsgesprächen bei zu vielen Kunden heute. Ich meine es mit dem Verkaufen absolut ernst. Verkaufen ist kein Spielplatz, sondern das solide Fundament meiner Existenz, mein Leben ist Verkaufen. Ich habe mein Leben dem Verkaufen gewidmet. Deswegen bin ich beim Verkaufen hart wie Granit. Das nimmt mir auch jeder ab, einverstanden? Aus dieser Ernsthaftigkeit schöpfe ich endlos Freude. Und die Freude ist für mich die Grundlage dafür, einen riesigen Spaß an der Sache zu haben. Verkaufen ist eben nicht kühl, technisch, mechanisch. Sondern hoch emotional und leidenschaftlich.

So. Und jetzt vergleichen Sie das bitte mal mit Ihrer Einstellung. Seien Sie ruhig ehrlich zu sich ...

Und ich versichere Ihnen: Auch ich bin nicht zum Verkäufer geboren. Der geborene Verkäufer? Quatsch! Es gibt auch keinen geborenen Straßenkehrer, Finanzbeamten oder Profisportler. Das ist Bullshit! So wie jeder andere auch habe ich mir diesen Sinn und Zweck gesucht und selbst gegeben. Wer eine leidenschaftliche Einstellung zu seiner Aufgabe haben will, der kann sich einfach dazu entschließen.

Es gibt keinen geborenen Straßenkehrer, Finanzbeamten oder Profisportler.

Die meisten Verkaufsgespräche erfüllen aber leider den Tatbestand der Körperverletzung. Lustloses technisches Blablabla, Abspulen von auswendig gelernten Verkaufstrainerphrasen, ernst-trauriges Dienern und Buckeln vor dem König Kunde – das alles hat beim Verkaufen nichts zu suchen. Das alles ist weder erfolgreich noch aufrichtig.

Du musst das mit Begeisterung machen, der Kunde muss Spaß mit dir haben. Du musst selber super viel Spaß haben! Wenn der Kunde das erste Mal gelacht hat, kauft er!

Verkaufen ist eine emotionale Sache. Der Verstand findet hinterher immer eine passende Begründung für die Entscheidung unserer Gefühle. Emotion siegt immer über die Ratio. Vergessen Sie alle Ihre sorgfältigen Argumentationsketten, wenn Sie keinen Spaß daran haben!

Wenn Sie sich dafür entschieden haben, beim Verkaufen Spaß zu haben, dann gewinnen Sie so oder so, egal wie das Spiel läuft. Dann treten Sie schon von vornherein als Sieger auf. Und das ist ein echtes Mysterium: *Kunden kaufen nur von Siegern* – starker Titel, starkes Buch. Starke These. Ich unterschreibe. H. C. Altmann heißt der Autor. Ich sage immer: Das ist das drittbeste Buch, das in Deutschland je geschrieben worden ist.

Was das praktisch heißt, können Sie auch lernen, z. B. wenn ich mit dem Flugzeug reise. FRA-MUC, Frankfurt-Munich, das sind 55 Minuten Flugzeit. Ich sitze immer am Gang. Denn Gangplatz im Flieger, das ist meine Chance, Spaß zu haben. Im halbleeren Flieger unter der Woche sitzt am Fenster nämlich immer einer. Und ich sitze am Gang! Das heißt, an mir kommt keiner vorbei. Genau. Die können nicht weg! 55 Minuten! Was für ein Fest! – Fünf große Geschäftsanbahnungen habe ich schon im Flugzeug gemacht. Und Sie?

Herzlich verkauft am längsten

Um den richtigen Fokus, den richtigen Optimismus und den richtigen Spaß am Verkaufen zu haben, dazu brauchen Sie nicht studiert zu haben. Ich jedenfalls habe nicht studiert. Meine Schulzeit war kurz. Schule und ich, wir hatten nicht viel gemeinsam. Eine frühzeitige Trennung war unvermeidlich. Stattdessen ging ich nach Amerika, um nachzuholen, was die Schule an mir und ich an der Schule versäumt hatte: Englisch lernen. Und das war eine wunderschöne Zeit, denn dort habe ich außer Englisch vor allem gelernt, was verkaufen ist.

Kommt freudestrahlend raus, haut dir auf die Schulter und drückt dir einen Geldschein in die Hand.

Sie können über die USA denken, was Sie wollen, um sie zu verstehen, müssen Sie wissen, wie das mit dem Schneeschippen geht: Als High-School-Schüler habe ich immer gejobbt. Jeder hat gejobbt. Im Sommer habe ich bei reichen Leuten den Rasen gemäht, im Winter habe ich Schnee geschippt. In Amerika geht das so: Der Schnee fällt. Du suchst dir ein Haus aus. Du schippst, die ganze Einfahrt. Du bist fertig. Die Tür geht auf, jemand Wildfremdes kommt freudestrahlend raus, haut dir auf die Schulter und drückt dir einen Geldschein in die Hand. Immer. Überall. Wow! Ich liebe Amerika!

Da wusste ich, ich will Verkäufer sein: Ich gebe, du nimmst, du gibst, ich nehme. Vier einfache Schritte zum Bund zwischen den Menschen. Herrlich! Und ich habe kapiert: Zuerst GIBST du, dann NIMMST du! In dieser Reihenfolge.

Mit dieser Begeisterung kam ich zurück nach Deutschland und verkaufte – Kopierer und Faxgeräte. Und wissen Sie was: Obwohl die

Deutschen tatsächlich anders ticken als die Amis, das mit dem Spaß am Verkaufen funktioniert hier genauso wie drüben. 1.000 Mal Kaltakquise, 1.000 Unternehmen: Ich geh 1.000-mal rein, ohne Termin, ran an die Rezeption, vorbei an der Rezeption, ran an den Entscheider. Und verkaufe 81 Kopierer. Da lernen Sie die Basics! Und jeder der 81 Kunden hatte hinterher einen Kopierer, der besser war als der bisherige, oder sie hatten endlich überhaupt einen. Und jeder von ihnen hat den Kopierer wirklich gebraucht. Und jeder von ihnen hat dadurch profitiert. Und ich war stolz. Es war wunderschön, ich habe es geliebt.

919 Mal Ablehnung? Von Herzen gern!

Was? 919 Mal Ablehnung erfahren? Aber von Herzen gern! Ich hatte so oder so Spaß!

Leise auftreten ist nicht meine Sache, das gebe ich zu. Es darf schon ordentlich donnern und blitzen. Ich bin schon ziemlich laut. Das liegt an meinem Testosteronspiegel, ich kann nichts dafür. Darum fahre ich auch einen lauten Wagen. Aber lassen Sie sich von mir nicht ins Bockshorn jagen. Die vom Herzen kommende Begeisterung muss nicht laut sein, um einen zu verblüffen.

Verblüfft hat mich zum Beispiel ein Hotel in Hamburg, das ein Kunde für mich gebucht hatte. Ich geh aufs Zimmer, komm da rein und sehe als erstes einen Korb auf dem Bett und einen Zettel. Ich lese: Aha! Schuhe rein, Korb abends vor die Tür stellen, bis zum nächsten Tag Schuhe geputzt. Einfach so, Service des Hauses. Ich bin Verkäufer: klasse geputzte Klasseschuhe sind für mich extrem wichtig. Also probiere ich das aus. Und denke: Alle Achtung, guter Einstieg ins Verkaufsgespräch mit mir. Wer weiß, wie oft ich noch nach Hamburg komme ... Aber bevor ich am nächsten Morgen die tatsächlich klasse geputzten Klasseschuhe wieder vor der Tür fand, hatte mich das Hotel echt umgehauen:

Ich hatte zusätzlich zu meinem Handy-Wecker einen Weckruf bestellt, verpennen geht nämlich nicht, wenn du einen Termin hast. Da klingelt also morgens das Telefon auf dem Nachttischchen, ich gehe ran, und eine leise, freundliche aber bestimmte Männerstimme sagt: »Guten Morgen Herr Limbeck, es ist 7 Uhr 30, dies ist Ihr Weckruf.« Soweit so gut. Aber jetzt kommt's. Die Stimme fährt fort: »Möchten Sie, dass ich in zehn Minuten nochmal anrufe?« ... Bingo! Der hat's raus! Ich war mit einem Schlag hellwach. Ein echter Verkäufer an der Hotelrezeption! Einer mit Fokus, Spaß und Herzlichkeit. Einer der den Abschluss macht. Einer der weiß, was seine Kunden wollen. Ich habe gekauft, der Mann hat mit einem Satz bei mir X Übernachtungen geholt.

Ich habe später einen Freund, der Hotelmanager ist, gefragt, warum das nicht in allen Hotels so läuft. Und da sagt er: »Weißt du eigentlich wie schwer das in die Mitarbeiter reinzukriegen ist?«

Nein, hab ich nicht gewusst. Aber glaub ich. Darum: Lassen Sie mich das in Sie reinkriegen!

Aufrecht stehen!

Verkaufe nicht alles! Verkaufe nur etwas, hinter dem du stehst. Ich muss mich mit dem Produkt, mit dem Kunden und mit mir selbst identifizieren können. Produkt, Kunde, selbst. Erstens, zweitens, drittens.

Das verlange ich auch von Ihnen. Erstens. Eine Schweinerei, mit der Kunden geschröpft werden, überteuerte oder mangelhafte Produkte, das sollen Sie nicht verkaufen! Da liegt dann die Größe im Verzicht. Machen Sie keinen Kuhhandel. Das haben Sie nicht nötig. Und zweitens. Wenn Ihnen ein Kotzbrocken, ein Rindvieh oder ein ganz gewöhnlicher Psychopath gegenübersitzt und seine vermeintliche Macht als Kunde Ihnen gegenüber ausspielen will: Steigen Sie aus! Und drittens. Wenn Sie mit sich selbst nicht im Reinen sind, dann lesen Sie zuerst dieses Buch und gehen Sie erst dann wieder verkaufen!

Dass ein richtig guter Verkäufer alles verkauft, diesen Glauben teile ich nicht. Ein richtig guter Verkäufer ist kein Betrüger, deshalb verkauft er beispielsweise keine Immobilienfinanzierung, die sich der

Käufer nur dann leisten kann, wenn er Glück hat und sich die Immobilienpreise überdurchschnittlich gut entwickeln.

Wie gut ein Verkäufer ist, das sehen Sie am Ergebnis. Aber nicht am kurzfristigen Umsatz, sondern an der langfristigen Rentabilität. Einen guten Verkäufer erkennen Sie, wenn Sie mit seinem langjährigen Kunden an der Hotelbar sitzen, und der voller Respekt von ihm spricht. Dass dabei über die Jahre sehr viel Geld umgesetzt worden ist, ist selbstverständlich.

Verkaufen heißt nicht Kohle machen. Ich weiß das, mit Kohle kenne ich mich aus, das liegt in meiner Familiengeschichte. Kohle wird unter Tage gemacht. Verkauft wird im hellen Tageslicht. Eine Tonne Kohle kannst du nur einmal schürfen und nur einmal verfeuern. Verkaufen kannst du immer wieder, je besser du verkaufst, desto mehr verkaufst du in der Zukunft. Verkaufen ist auf Nachhaltigkeit angelegt: Langfristige Zusammenarbeit mit dem Kunden auf Augenhöhe. Stetiges Geben und Nehmen im ausbalancierten Verhältnis.

Verkaufen heißt nicht Kohle machen.

Geldgier führt zu Zerstörung. Es ist eben so: Der Markt ist nicht der Amazonas und Sie sind kein Piranha. Der Markt ist kein Wald und Sie sind keine Axt. Werden Sie nicht zuchtlos, sondern bleiben Sie beim Verkaufen ehrlich, gerade und direkt! Gute Verkäufer lügen nicht.

Keiner behauptet, dass Sie alles sagen sollen, was wahr ist. Aber alles was Sie sagen, sollte wahr sein. Sie brauchen also nicht so unhöflich und bescheuert sein und Ihrem Kunden ins Gesicht sagen, dass seine Krawatte ein ästhetisches Kapitalverbrechen ist, nur weil es wahr ist! Wenn Sie aber dem Kunden Honig ums Maul schmieren, um Umsatz zu machen, prostituieren Sie sich. Verkäufer mit einer gewissen Wesensfestigkeit tun so was nicht.

Wenn Sie Ihren Kunden gerne als Kuh betrachten und Verkaufen für Sie melken ist, wenn Sie umsatzgeil sind und die Gier Sie dazu treibt, nicht das Beste für Ihren Kunden, sondern das Beste für sich selbst zu wollen, dann hat der Dämon des Geldes Macht über Sie. Aber dann müssen Sie wissen, dass die Sache am Ende nicht gut ausgeht für Sie. Das Gesetz des Universums lautet: Was du gibst, kommt zu dir zurück. Wer nur nimmt und nie gibt, wird nie erfolgreich sein.

Dranbleiben!

Macher haben's leichter. Wenn Sie keiner sind, haben Sie zwei Möglichkeiten: Entweder Sie beschließen, einer zu sein, oder Sie hören auf zu verkaufen. Verkaufen hat etwas mit Erfolg zu tun. Und Erfolg ist nicht nur denkbar, sondern vor allem machbar. Es liegt an dir. Wenn du eine helfende Hand suchst, findest du sie am Ende deines Armes. Hilf dir selbst, dann hilft dir Gott.

Verkaufstalent? Nicht so wichtig. Langfristig überholt der Fleißige immer das Talent. Beides zusammen allerdings ist unschlagbar. Also: Du willst Erfolg? Dann musst du hart arbeiten, Fleiß, Fleiß, Fleiß! Es ist noch keiner über Nacht reich geworden. Alle, die ich kenne, die reich oder berühmt geworden sind, haben dafür hart gearbeitet. Die meisten allerdings werden nicht reich, denn die meisten wollen gleich ernten. Ich sage dir: Das klappt nicht. Keine Chance. Vor der Ernte kommt nun mal die Saat und eine ganze Menge Feldarbeit.

Okay, wir sind immer noch dabei, was Verkaufen zum Verkaufen macht. Hartnäckigkeit fordere ich also von Ihnen. Machen statt nur wollen. Dranbleiben. So wie ein Kind, das ein Eis will.

Denn Kinder sind die besten Verkäufer. Ist Ihnen das noch nicht aufgefallen? Kinder bleiben dran, wenn sie etwas wollen! In einer gewöhnlichen Fußgängerzone zum Beispiel bieten sich einem Sechsjährigen an der Hand seines Vaters auf Beutezug auf 1.500 Metern ungefähr sieben Gelegenheiten, ein Eis zu bekommen. Machen wir uns nichts vor, diese Gelegenheiten scannt er, die hat er im Blick! Einverstanden? Und dann geht es los: »Papi, bekomme ich ein Eis?« – »Nein, Sohn. Schau mal, heute Abend grillen wir, und Mami macht wieder eine Eisbombe. Du bekommst heute also noch tonnenweise Eis. Also lass uns jetzt Steaks einkaufen.« – »Papi, ... « – Na, Sie wissen ja, wie das weitergeht. Und am Ende stehen die Chancen für den Nachwuchsverkäufer ziemlich gut, an diesem Tag ZWEI Mal Eis zu essen ...

Da spreche ich aus Erfahrung. Ich habe selbst einen Halbwüchsigen zuhause. Und der ist einer meiner besten Lehrer. Von ihm habe ich gelernt, was das Wort NEIN bedeutet. N-E-I-N: Noch. Ein. Impuls. Nötig.

Aufgeben? Aufgeben können Sie höchstens ein Paket oder einen Brief.

Haben Sie den wunderbaren Film *Walk the Line* über das Leben von Johnny Cash gesehen?« Nein? Dann brauchen Sie diesen Impuls hier: Leihen Sie sich ihn bitte mal aus. Ja? Dann kennen Sie die Schlussszene, in der Joaquín Phoenix als Johnny Cash mit Reese Witherspoon als June Carter auf der Bühne steht und die beiden im Duett »Jackson« singen. June hatte Johnnys Heiratsanträge schon siebenunddreißigtausendmal abgelehnt. Lässt sich Johnny davon abhalten, ihr den siebenunddreißigtausendundersten Antrag zu machen? Natürlich nicht. Der gibt nicht auf. Er unterbricht auf der Bühne den Song, hört einfach auf. Keiner weiß, was los ist. Stille. Sie kommt unter Druck und fordert ihn auf, weiterzumachen. Er macht weiter. Nur nicht mit dem Song, sondern mit dem nächsten, herzzerreißenden Heiratsantrag. Sie nimmt ihn an.

Und? Hat sich diese Hartnäckigkeit gelohnt? Ja, hat sie. Denn Johnny und June waren miteinander extrem glücklich, wurden gemeinsam alt und starben 2003 kurz nacheinander, noch vor der Premiere des Films, nach einer wunderbaren lebenslangen Liebesgeschichte.

Lernen Sie daraus! Ein Nein bedeutet nicht, dass Sie aufgeben, sondern ein Nein bedeutet, dass Sie weitermachen. Denken Sie an die 1.000-fache Kopierer-Kaltakquise: 919 Neins waren für 81 Jas nötig. Für ein Ja gibt es zwar keinen Oscar wie für Reese Witherspoon. Und Sie müssen Ihren Kunden auch nicht heiraten, wenn der Ja sagt. Aber was Sie müssen als Verkäufer: Bieten Sie Ihrem Kunden einen erstklassigen An-ihm-Dranbleiben-Service! Denn Sie wissen nicht, was nach den vielen Neins kommt: vielleicht ein großes JA! Und vielleicht anschließend viele weitere Jas.

Vor jedem Verkaufsgespräch mit Ihrem Kunden müssen Sie sich nur eines klar machen: Es kann nicht schlecht ausgehen. Prinzipiell nicht. Denn nicht gekauft hat er schon!

Mach nicht den Psychologen!

Verkaufen heißt, andere zu Taten zu bewegen. So einfach ist das. Wenn Sie den Kunden beraten müssen, um ihn anschließend zu einer Tat zu bewegen, okay, dann beraten Sie. Eine handwerklich saubere Bedarfsanalyse muss geleistet werden. Unterschreib ich. Nur: Sie werden dadurch nicht zum Berater, sondern Sie bleiben Verkäufer. Das Beraten ist einer der fünf Gänge, aber nicht das Menü! Beraten ohne Abschluss ist unfair, denn Sie zwingen damit den Kunden, woanders zu kaufen.

Genauso unfein ist es, den Kunden vollzuquatschen mit Technischem, Fachlichem, mit Ihrem Produktwissen. Fachidiot schlägt Kunden tot. Die Vollquatscher glauben meistens selbst, sie würden das tun, um die Kunden zu beraten und ihnen was Gutes zu tun. Aber in Wirklichkeit dient der Fachschwall nur zur Verschleierung: Der Verkäufer traut sich vor sich selbst und vor dem Kunden nicht zuzugeben, wozu er hier ist. Aber: Es geht beim Verkaufsgespräch nicht darum, das Produkt zu erklären! Sondern es geht um den Abschluss. Um die Unterschrift. Um den Auftrag. Um den Verkauf. Tun Sie doch nicht so, als ob das anders wäre!

Fachidioten, Vollquatscher und Totschlagberater.

Fachidioten, Vollquatscher und Totschlagberater sind die Pharisäer unter den Verkäufern. Sie konzentrieren sich auf Details und leugnen den Zusammenhang. Sie betonen die Äußerlichkeiten des Verkaufs und kommen sich darin furchtbar wichtig vor, aber sie vernachlässigen den Kern ihrer Tätigkeit. Sie sind nicht wahrhaftig. Sie verraten all das, woran sie mit Inbrunst glauben müssten. Sie stehen nicht zu ihrer wahren Absicht: Den Kunden zum Kauf zu bewegen.

Um den Kunden zum Kauf zu bewegen, muss ich als Verkäufer effektiv auf ihn einwirken. Ihn beeinflussen. Dabei muss ich mich auch durchaus geschickt anstellen. Tun wir doch nicht dumm rum, natürlich manipulieren wir die Kunden. Manipulation! Das ist doch Sinn und Zweck der ganzen Veranstaltung, oder nicht? Wenn ich als Verkäufer in der Boutique sage: »Oh, wow, der Sakko steht Ihnen aber zackig!«, dann manipuliere ich. Punkt dran.

Aber: Wenn ich ein guter Verkäufer bin, dann tue ich das, weil ich ernsthaft davon überzeugt bin, dass der Sakko den Mann eine Liga besser aussehen lässt. Und vor allem lasse ich keinen Zweifel daran, dass ich dermaßen davon überzeugt bin, dass der Sakko zu meinem Kunden passt, dass ich die Kasse klingeln hören will, bevor ich die Ladentürglocke hören werde.

Also zum Mitschreiben. Ja, ich manipuliere. Aber nur unter zwei Bedingungen. Nummer eins: Ich lege meine Absicht offen. Nummer zwei: Ich manipuliere, weil ich ehrlich an den Zweck für den Kunden glaube. Mit anderen Worten: Ich helfe ihm ein Stück weit, die für ihn richtige Entscheidung zu treffen.

Ist das schlecht? Ist Feuer gut oder schlecht? Die Suppe ist warm, aber ein Dachstuhl brennt lichterloh. Ist ein Messer gut oder schlecht? Das Butterbrot ist geschmiert, aber es passt auch zwischen zwei Rippen und kann somit abrupt lebensverkürzend wirken. Ist die Lasertechnologie gut oder schlecht? Jan Delay auf CD ist eine schöne Sache aber ein Laserpointer im Auge des Piloten beim Landeanflug? Ist das Internet gut oder schlecht? Das Wissen der Welt at your fingertips, aber Menschenverachtung by Kinderporno lässt sich schlicht besser per Web verbreiten als per Post. Also: Ist Manipulation schlecht? Ich kann wie Johnny Cash mit Manipulation dafür sorgen, dass mein Heiratsantrag angenommen wird – und damit für zwei Menschen plus Nachkommen das Glück auf Erden schaffen. Ich kann aber auch als Finanzderivate-Verticker mit Manipulation beim Verkauf dazu beitragen, dass der Hypothekenmarkt in den USA zusammenbricht, die Finanzkrise losgetreten wird, dadurch Millionen Jobs weltweit verloren gehen und sich verdiente Unternehmer aus Verzweiflung vor den Zug werfen.

Tun Sie nicht so, als würden Sie nicht manipulieren. Das tun Sie doch sowieso den ganzen Tag. Ich appelliere mit all meinem Wirken als Trainer, Coach, Speaker und Autor, dass Sie das erstens mit lauteren Motiven, zweitens offen und ehrlich und drittens so effektiv wie möglich machen. »Das neue Hardselling«, die Denke, die ich hier verkünde, ist nichts weiter als die aus meiner Sicht effektivste Methode, um Kunden zur Aktion zu bewegen. Und welche Klamotten Sie beim Kunden anhaben, wie Sie sich vorstellen, wo Sie sitzen und wie Sie Ihre Visitenkarte übergeben und und und, das hat alles nur ein einziges Ziel: Den Kunden so zu beeinflussen, dass er das kauft, was gut für ihn ist. Dass er kauft!

Ist dazu Smalltalk notwendig? Ich habe da meine eigene Meinung: Lieber zwei Minuten Business, dann 58 Minuten Smalltalk, aber nicht umgekehrt! Du gerätst sonst unter Zeitdruck, und dann läuft nichts mehr außer der Uhr. Ich kann Smalltalk, da soll sich keiner täuschen. Ich bin sogar ein großer Smalltalk-Verkäufer, meine besten Abschlüsse mache ich beim Abendessen. Aber ich talke nur, wenn der Kunde von sich aus damit anfängt. Und nur mit den Themen, die er anschlägt. Kein krampfhafter Smalltalk, er muss sich locker ergeben, wenn beide wirkliches Interesse aneinander haben.

Also lassen Sie besser das obligatorische »Wie geht's Ihnen?« Das meinen Sie doch sowieso nicht ehrlich. Das interessiert Sie in Wirklichkeit gar nicht. Was machen Sie nämlich, wenn der sagt: »Scheiße geht's mir. Mein Hund ist gestorben und meine Frau hat mich verlassen.« Ich sag, Ihnen, dann können Sie vielleicht noch den Psychologen mimen, aber Ihr Verkaufsgespräch ist den Bach runter, das können Sie vergessen.

Beim Kunden erstmal ein gewaltfreies Teechen schlürfen.

Sie und ich, wir beide schauen uns das alles in den hinteren Kapiteln noch genauer an, einverstanden? Dieses erste Kapitel hier ist erstmal die Exposition – wie beim klassischen Drama oder wie im Hollywoodfilm: Die erste Szene zeigt den Kern der Sache durchs Brennglas. Zum Kern der Einstellung der Top-Verkäufer gehört in jedem Fall: Beim Kunden erstmal einen Stuhlkreis bilden, sich an den Händchen fassen, gemeinsam ein gewaltfreies Teechen schlürfen usw. nur um sich wohlzufühlen, nur um sich in Harmonie zu suhlen und den Eindruck zu vermeiden, Sie würden das Geld des Kunden begehren, das ist zutiefst egoistisch. Und ich gehe noch weiter: Es ist fauler Zauber, es ist unmoralisch, Verrat und Frevel. Bah! Pfui! Damit stellen Sie Ihr eigenes kurzfristiges Wohl über das langfristige Wohl Ihres Unternehmens und über das langfristige Wohl Ihres Kunden.

Genauso widerlich ist das Schleimen. Und es ist so unprofessionell. Und so wenig erfolgreich. Denn wenn Sie dem Kunden Honig ums Maul schmieren, nimmt der Sie ab diesem Moment bewusst oder unbewusst einfach nicht mehr ernst. Ihr Kunde fühlt sich vielleicht gebauchpinselt, wenn Sie es ihm gut gemacht haben, aber Ihr Image ist beim Teufel. Und damit auch das Image Ihres Produkts und das Ihres Unternehmens.

Mal Hand auf's Herz: Ein guter Verkäufer verkauft ganz ohne Schleimen bei optisch herausfordernden, unsympathischen, schrulligen und mit Hygiene auf Kriegsfuß stehenden Kunden genauso gut wie bei den Angelina Jolies dieser Welt. Gottes Zoo ist groß.

Wenn Sie also mit mir einer Meinung sind, dass gutes Verkaufen, limbecksches Verkaufen aufrichtig, transparent, leidenschaftlich, begeisternd, lustig, ernst, geradeheraus, fair, gerecht, hart, nachhaltig, positiv manipulativ, entschlossen, fokussiert, emotional, hartnäckig, effektiv und respektvoll ist, und durch all das am Ende auch extrem erfolgreich ist, dann werden Sie mir auch zustimmen, dass Sie beim nächsten Verkaufsgespräch einfach mal den Smalltalk weglassen könnten, um direkt mit der Abschlussfrage zu starten.

Ich meine es ernst: Starten Sie mit der Abschlussfrage!

Strickmuster: Was jeder Verkäufer über seine Kunden wissen sollte

Machen Sie sich nichts vor – die Kunden ticken heute anders. Anders als vor zwanzig Jahren. Anders als vor zehn Jahren. Anders als vor fünf Jahren.

Wenn sich jemand vor zwanzig Jahren darüber den Kopf zerbrochen hat, ob er besser einen Staubsauger der Marke »Elefant« oder doch lieber das Modell »Taifun« kaufen soll, hatte er kaum mehr als drei Informationsquellen. Erstens, er kaufte ein Heft der Stiftung Warentest. Zweitens, er ließ sich vom Verkäufer an der Haustür oder im Laden überzeugen – oder auch nicht. Oder, drittens, er fragte Nachbarn oder Verwandte, was sie von Elefanten und Taifunen hielten.

Heute ist die Welt eine Wohngemeinschaft. Es gibt zig Zeitschriften, die testen, bis der Arzt kommt. Von der Babywindel bis zum Breitreifen. Für jedes Bedürfnis gibt es Testergebnisse, Empfehlungen, Ratschläge und To-Dos. Zeitschriften nur für iPhone-Apps, Zeitschriften nur für kochende Männer, Zeitschriften für Städter-Träume von der ländlichen Idylle, Zeitschriften für Hufschmiede, Zeitschriften für Jagdhunde, Zeitschriften für Halter von Jagdhunden, Zeitschriften für die Nachbarn von Schwiegertöchtern von Jagdhundhaltern. Außerdem haben wir alle viel mehr Nachbarn als jemals zuvor, die wir fragen können. Internet-Nachbarn nämlich. Facebook-Freunde, Twitter-Follower, Xing-Kontakte, Myspace-Fans. Auch die kaufen Handys, buchen Urlaube, verkosten Rotwein. Und dort, wo online verkauft wird, bewertet die Käufergemeinde.

Ich selbst würde nie ein Buch bei Amazon kaufen, wenn mehr als die Hälfte der anderen Leser dort das Buch todlangweilig fänden.

Oder niemals einem Ebay-Verkäufer trauen, dessen Kunden ihn für schlampig, langsam oder unzuverlässig hielten.

Moment, denken Sie jetzt! Jetzt stellt sich der Limbeck selbst ein Bein. Will uns weismachen, wie wir richtig verkaufen, und behauptet, im Internet geht das sowieso besser. Sogar ohne Verkäufer ... Nein, das Gegenteil ist der Fall. Das Internet ist kein Ersatz, sondern Herausforderung für den Verkäufer. Die Menge an Informationsquellen der Kunden hat schlicht zugenommen. Der Kunde weiß viel besser und schneller Bescheid als früher. Und das verändert die Kunden und ihr Verhalten. Der Kunde weiß besser als früher, was er will, was er kann, was er darf, was toll ist, was ein schwaches Angebot ist, was ein geiler Preis ist, wo noch was rauszuholen ist. Die Allerweltsfloskel dazu lautet: Der Kunde ist mündiger geworden. Könnt ihr so sagen, wenn ihr wollt. Ich finde, er ist genauso mündig wie immer, nur ist er auf jeden Fall verdammt gut informiert. Auf allen Ebenen. Und das macht ihn selbstbewusster. Forscher, fordernder, mächtiger. Aber jetzt kommt's! In demselben Maß hat auch sein Sicherheitsbedürfnis zugenommen! Der Kunde weiß nämlich noch viel besser als früher, dass er keiner Information mehr blind vertrauen darf. Und das Bedürfnis nach Sicherheit, mein Freund, das ist deine Chance als Verkäufer. Denn die kannst du ihm geben.

Auf der einen Seite ist da nämlich die böse, dunkle Welt der Betrüger, Nepper, Schlepper, Bauernfänger. Was früher die paar harmlosen Drückerkolonnen an der Haustür waren, die vielleicht der Oma ein Zehnjahres-Abo für eine Sportwagenzeitschrift aufschwatzten, das sind heute die Internetbetrüger, die zum Beispiel bei Ebay leere Kartons zum Preis eines Fernsehers verkaufen. Oder noch schlimmer, die in deinen Account einbrechen und in deinem Namen sauteures Zeug verkaufen. Aber natürlich nie die Ware liefern. Und Sie kriegen dann eine Strafanzeige von der Polizei, ihrem Freund und Helfer, die vergleichsweise keine Ahnung vom Internet hat.

Das schlägt immer noch jeden Avatar.

Auf der anderen Seite steht da ein Mensch. Ein echter Mensch. Ein anständiger Mensch. Ein Top-Verkäufer. Den kann der Kunde anfassen. Dem kann er in die Augen schauen. Dem kann er Vertrauen und Glauben schenken. Dem traut er zu, dass er sich persönlich verantwortlich fühlt, dass er einem bei der Entscheidungsfindung wirklich hilft und auf Augenhöhe beim Kauf begleitet. Die besten Verkäufer tun genau das, und legen dabei ihr Ziel, verkaufen nämlich, von Anfang an offen. Das gibt Sicherheit! Das schlägt immer noch jeden virtuellen Agenten, jeden Avatar, jeden schicken Webshop. Denn Menschen zu vertrauen liegt in der Natur des Menschen. Einen Geschäftsabschluss per Handschlag zu besiegeln verschafft mehr emotionale Befriedigung als ein Mausklick. Ich liebe Handschlaggeschäfte! Genau deshalb wird im Internetzeitalter zu 83 Prozent über persönliche Empfehlungen verkauft. Und nur zu 50 Prozent über Online-Empfehlungen von Fremden. (Aber immerhin!)

Echte neue Hardseller wissen, dass ihre Kunden so gestrickt sind – top informiert, aber auch misstrauisch. Sie sind in der Lage, ihren Kunden durch ihre verbindliche Art die Sicherheit zu geben, die sie heute brauchen, denn sonst ist das Internet vertrauenswürdiger. Schlechte Verkäufer, die das nicht schaffen, sind jetzt aber noch überflüssiger als früher. Denn da ist das Internet schon fast wieder vertrauenswürdiger ...

War das jetzt alles? Der Käufer ist jetzt aufgeklärter, will es aber doch noch gern mit aufrechten Menschen zu tun haben? Nein, das war noch nicht alles. Noch lange nicht.

Zunächst mal musst du als Verkäufer damit rechnen, dass dein Kunde weniger zuverlässig agiert. Weniger verbindlich. Einverstanden? Über Xing bekomme ich beispielsweise eine Anfrage vom Inhaber eines Softwareunternehmens. Er hat Videos von mir auf Youtube gesehen und will jetzt mehr. Wie bei so vielen ist seine Herausforderung der erfolgreiche Abschluss. Also: Wie kriegen seine Verkäufer nicht nur das gute Auftreten hin, sondern auch die Unterschrift unter den Vertrag? Er hat das völlig richtig erkannt: Ich bin genau der Richtige für ihn. Wir telefonieren gründlich. Ich mache eine Bedarfsanalyse mit ihm. Erstelle einen Telefonleitfaden für ihn und seine Leute. Du kennst das: mit Einstiegssätzen, Einwandbehandlung, das volle Programm.

Das läuft also alles schön an. Und er will mehr. Weil seine Mannschaft klein ist, biete ich ihm an, zu uns zum Coaching zu kommen, um Abschlusstechniken zu lernen. Über den Preis haben wir geredet. Auch das ist kein Thema. Er sagt: Machen Sie mir das Angebot fertig und lassen Sie uns gleich zwei Termine festlegen, damit wir loslegen können. Kurz: Wir haben einen richtig guten Draht zu einander. Alles läuft perfekt. Dachte ich.

Dann das kleine Einmaleins – nach drei Tagen wird nachtelefoniert. Klar. Ob das Angebot angekommen ist. Ob die Unterlagen angekommen sind. Am anderen Ende: niemand. Auch keine Mailbox. Auch kein Rückruf des Kunden. Zweiter Versuch – dasselbe. Ich rufe also bei ihm in der Firma an, wo ich höre, er sei außer Haus. Eine Woche später – dasselbe, außer Haus. Vier Wochen später, nachdem bereits der erste Termin fürs Coaching verstrichen war, landet am Freitagabend eine SMS auf meinem Handy: »Bin furchtbar im Stress. Melde mich Montag. Schönes Wochenende.« – Guten Morgen, 21. Jahrhundert!

Außer dass der Mann partout nicht mit mir redet, gibt es immer noch kein Zeichen, dass etwas an meinem Angebot nicht in Ordnung wäre. Am Montag kommt wieder kein Anruf. Jetzt muss mir spätestens klar sein, dass »Ich rufe zurück« auch heißen kann »Ich rufe nie wieder an! Warte ruhig! Setz schon mal Spinnweben an!«

Aber jetzt packt mich der Ehrgeiz, und mein Nacken ist härter als ein Billardqueue. Diesmal versuche ich es nochmal mit einer E-Mail. Keine Reaktion. Na gut, denke ich, drehen wir mal ein bisschen am Spieß. Ich gebe die Vorstellung »Selbstbezichtigung« zum Besten: In der nächsten E-Mail schreibe ich, es täte mir leid, wenn irgendetwas in der Angebotsstellung zu Missverständnissen geführt hätte. Liegt sicher an mir. Würde gern dazulernen und wäre deshalb dankbar für eine Lernkurve.

Ich will ihm sagen können: »Gratuliere, Sie sind mein Meisterstück«

Aber dieser schlechte Film will einfach kein Happy End bekommen. Ich habe nie wieder etwas von dem Mann gehört. Ich könnte mich darüber ärgern. Oder auch ein Freudentänzchen aufführen und rufen »Hurra, Buch und DVD, die ich ihm geschickt habe, waren so gut, dass er kein Coaching mehr braucht!«. Eigentlich finde ich es aber nur schade. Schon deshalb, weil ich ihm, falls ich ihn mal irgendwo zufällig treffe, in die Augen sehen können will. Und sagen: »Gratuliere. Sie sind mein Meisterstück!«

Andere Fälle sind ähnlich. Niemand ruft zurück. Wenn du dann hartnäckig bleibst, hörst du eine breite Palette an Entschuldigungen. Du wirst vertröstet, weil du zum falschen Zeitpunkt anrufst, weil gerade so viel los ist, wegen Sommerloch, wegen Jahresabschluss, wegen Saure-Gurken-Zeit, wegen Mondfinsternis, wegen Server-Absturz, wegen der Steuerfahndung, wegen der Telekom, wegen der Arbeitslosigkeit, der Globalisierung, der kosmischen Strahlung, der Inflation des Universums und wegen dem ganzen Rest. Aber es hilft nichts. Als Verkäufer musst du damit rechnen. Da helfen höchstens kürzere Nachfragezyklen und dranbleiben, dranbleiben, dranbleiben. Nur so kriegen Sie raus, ob der Kunde mit Ihnen nur spielt oder ob er wirklich mit Ihnen ins Bett will. Also: Höfliche Hartnäckigkeit, immer wieder auf's Neue.

Was das jetzt mit dem Internet zu tun hat? Ich will das jetzt gar nicht wissenschaftlich nachweisen. Fest steht für mich, dass die Kunden in Zeiten schneller Tweets und von Vertragsabschlüssen per SMS nicht mehr so viel Kaufmannsehre im Leib haben wie vor 1995. Glaub es!

Vielleicht liegt es an der ganzen Zeitverschwendung und Zeitverschmutzung, die das Internet mit sich bringt. Denn außer dem gnadenlos guten Zugang zu Informationen aller Art bietet das Web im Übrigen schlicht jede Menge Konversation, deren Qualität mit zunehmender Menge abnimmt. Die Verbindlichkeit von Aussagen nimmt ab, alles wird gerade mal so eben schnell aus der Hüfte geschossen und wenn es zum Schwur kommt, wird schon der nächste Schaum geschlagen. Gerade in den Social Media. Nehmen wir Xing. Wer das richtig machen will, muss es professionell angehen. Sich von Profis beraten lassen. Ansonsten ist es vor allem eine super Datenbank für Headhunter. Aber wer sich dauernd dort aufhält und rumquatscht, zeigt im Grunde nur, dass er sonst nix zu tun hat. Sorry, wenn ich das mal so auf den Punkt bringe.

Soziale Netzwerke und Cappuccino

Ja, ich nutze Xing auch. Aber nicht zum Quatschen. Einerseits, um mit meinen Teilnehmern in Kontakt zu bleiben. Zum anderen, um mit meiner eigenen Gruppe neue Inputs zu geben. Aber im Grunde ist es mit dem Verkaufen im Web wie mit einer Tasse Cappuccino. Unten an der Basis der Tasse ist der Kaffee, also die Kalt- oder Telefonakquise. Der Schaum ist das Empfehlungsmarketing. Und das Kakaopulver obendrauf sind soziale Netzwerke wie Xing, Facebook und viele andere.

Das mit dem Kakao geht so: Ganz oben auf der Liste Ihrer Wunschkunden ist einer, von dem Sie keine Ahnung haben, von dem Sie nicht wissen, wie Sie überhaupt an ihn rankommen. Nennen wir ihn Coca-Cola, das lässt sich leicht merken. Xing wäre ein Kanal, auf dem Sie jetzt die Reziprozitätsregel ausprobieren können. Sie erinnern sich. Genau. Das vielsilbige Fremdwort, das bedeutet »Gib und dir wird gegeben.«

Sie suchen also in der Datenbank nach jemandem, der mal bei Coca-Cola gearbeitet hat. Sie finden einen ehemaligen Vertriebsdirektor, der in seinem neuen Unternehmen nicht nur fähige Mitarbeiter sucht, sondern auch brauchbare Literatur zum Thema »Verkaufen.« Bingo! Dem Herrn schreiben Sie selbstverständlich: »Lieber Herr Pepsi, ich sehe, Sie suchen Literatur zu einem Thema, das mir auch am Herzen liegt. Ich hätte da einen Buchtipp für Sie, der mir sehr weitergeholfen hat. Das Buch heißt *Nicht gekauft hat er schon* und ist von Martin Limbeck. Ja, Sie wissen schon, von diesem Che Guevara des Verkaufens aus dem Kohlenpott.«

Neun von zehn Menschen schreiben zurück und bedanken sich für den Tipp. Drei Wochen später haken Sie nach: War der Buchtipp nützlich? Hat Sie das Buch auch beeindruckt? Genau an diesem

Punkt wird es so richtig interessant. Denn wenn jetzt ein Austausch über das gemeinsame Thema stattfindet, entsteht eine Beziehung zwischen Ihnen beiden.

Jetzt erst, und keinesfalls vorher, hat diese Beziehung Bestand. Und nur diese Beziehung ist die Grundlage für den nächsten Schritt. Die entscheidende Frage. »Sagen Sie mal, Herr Pepsi, ich sehe, Sie waren Vertriebsleiter bei Coca-Cola. Haben Sie Ihren Nachfolger selbst noch eingearbeitet?«

Aus der Antwort können Sie ermessen, in welchem Verhältnis Ihr neuer Kontakt zu seiner alten Firma steht. Sie haben Glück und er sagt: »Ja, klar, an meinen Nachfolger erinnere ich mich noch sehr gut.«

Dann fragen Sie: »Worauf legt denn Ihr Nachfolger besonders viel Wert? Ich frage deshalb, weil ich den schon immer mal kontaktieren wollte wegen …«

... den Rest können Sie sich denken. Na, ja! So läuft das eben. Aber mal Klartext: So erfolgreich das professionelle Kuscheln auf Xing in manchen Fällen sein kann: Es ist trotzdem nur der Kakao auf dem Cappuccino. Für die ganze Tasse muss der Kaffee noch gemahlen und gebrüht werden und die Milch will auch geschäumt sein. Und du musst wissen, wie. Gefragt sind die Basics. Verkaufen heißt verkaufen. Gerade heute: Akquise, Erstkontakt, Terminvereinbarung, Erstgespräch, Bedarfs- und Motivermittlung, Angebotspräsentation, Einwandbehandlung, Preisgespräch, Abschluss, Kundenbindung, Empfehlungen. Das 1 x 1 des neuen Hardsellers. Internet hin, Internet her.

Bei der Telefonakquise ist das anders als bei der Internetaufreiße. Am Telefon geht es um die Schlagzahl. Und ich muss besser vorbereitet sein. Viel besser. Sehr viel besser. Telefonverkauf, das ist für mich die Königsdisziplin. Wer da den Bogen raus hat, der gewinnt auch im Internet oder im persönlichen Gespräch.

Bei der ganz normalen Telefonakquise ist das Motto: Sofort loslegen, nicht lang zaudern. Anders bei Großkunden, Investitionsgütern, also viel Umsatz pro Telefonat. Da ist die Vorbereitung Detektivarbeit. Nein, nicht falsch verstehen. Es geht nicht um Spionage, nicht um Geheimnisse, die ich gegen den Kunden verwenden kann. Speziell im Großkundengeschäft mit Projekten und langfristigen Deals müssen Verkäufer gründlich ihre Hausaufgaben gemacht haben: Wie laufen die Entscheidungswege? Wer sind die informellen Leitfiguren? Wer ist mein Coach? Wer ist für mich? Wer gegen mich? Wer trifft die Entscheidungen? Ein Einzelner? Oder ein Gremium?

Professionelles Kuscheln ist trotzdem nur der Kakao

Bei Einzel- oder Erstkunden suchen Sie nach Informationen, die ohnehin jedem zugänglich sind. Was die Kunden können, das können Sie auch! Fangen Sie an zu googeln: Was tut Ihr Gesprächspartner? Wo war er vorher? Hat seine Firma Niederlassungen? Wofür interessiert er sich? Was freut ihn, was macht ihn stolz? Mit wem arbeitet er zusammen? Wie gerne ist er in den Medien? Hat er Hobbys? Ist er in Vereinen oder Klubs? Hat er etwas gewonnen? Trophäen, Auszeichnungen? Wann ist sein Geburtstag? Hat er gerade geheiratet? Ist er vor Kurzem Vater oder Opa geworden? Hat er eine eigene Website? Ist er bei Facebook? Bei Xing? Denn die erste Führungsebene ist oft nicht dort. Aber die zweite und dritte. Gemeinsame Kontakte nutzen.

Was das alles soll? Ich will Ihnen nur erzählen, wie Top-Verkäufer denken. Vor mir steht also ein Kunde, Verkaufsleiter eines großen Unternehmens. Vorstellungsrunde. Am Tag zuvor hat es mich nur zwei Minuten im Internet gekostet und ich habe herausgefunden, dass er vor Kurzem den August-Blumensaat-Gedächtnis-Halbmarathon in anderthalb Stunden gelaufen war. Da ist meine Gelegenheit: Der Kunde stellt sich vor, wie er heißt, was er macht, woher er kommt ... und ich kann sofort ergänzen: »Sie haben noch vergessen zu erwähnen, dass Sie den Halbmarathon in Essen in einer prima Zeit gelaufen sind.« Kunstpause. Der Mann kann gucken wie ein E-Klasse-Mercedes. Und zack – im Handumdrehen ist die Beziehung da.

Nochmal zum Mitschreiben: Smalltalk nur, wenn der Kunde anfängt!

Verstehen wir uns richtig. Ich meine damit keinen Smalltalk. Schon gar nicht über Themen, von denen Sie nichts oder auch nur die Hälfte wissen. Denn da blinkt tiefroter Fettnäpfchenalarm! Internet heißt: Nicht jede Information, die Sie finden, ist auf dem neuesten Stand oder wirklich wahr, manche ist auch völlig unangemessen. Es kann richtig übel werden, wenn Sie danach fragen, ob der Sohn immer noch so gerne Motorrad fährt und Sie nicht mitgekriegt haben, dass der letzte Woche tödlich verunglückt ist. Oder Sie fragen, wie die Fusion mit XY lief, die vor wenigen Tagen geplatzt ist. Oder Sie fragen den Papst, wie es Frau und Kindern geht, während Sie ihm ein Doppelbett verkaufen.

Nochmal zum Mitschreiben. Smalltalk nur, wenn der Kunde anfängt. Nehmen Sie Ihr Ego zurück, Bonsai statt Weihnachtsbaum. Nicht aufschneiden. Auch wenn Sie mehr wissen als der Kunde. Nicht lügen. Und: Nicht plappern – übers Wetter oder ähnlichen Schwachsinn.

Sie KÖNNEN auch über Tabuthemen reden, wie Religion, Sex, Gesundheit, Politik. Aber zum richtigen Zeitpunkt, mit den richtigen Gesprächspartnern. Nie am Anfang des Verkaufsgesprächs. Ja, da bin ich streng!

Und noch etwas. Gucken Sie sich die Fotos ihrer Gesprächspartner im Internet an. Sie vermeiden zum einen vielleicht das erste Fettnäpfchen. Oder noch besser, Sie können ihn schon mit seinem Namen ansprechen, bevor er sich vorgestellt hat. Na? Wie geil ist das denn? Wenn er sich darüber laut wundert, spielt er Ihnen damit sogar einen Steilpass zu, den sie mit einer schlagfertigen Antwort in Ihr erstes Tor verwandeln.

Vergessen Sie bei all der Detektivarbeit aber Ihre Bestandskunden nicht, denn sie verdienen nicht weniger Aufmerksamkeit. Wie ein Kunde sich wohl freut, wenn Sie ihm zur Geburt seines Sprösslings etwas schicken, so in etwa: »Lieber Oliver, wir begrüßen dich auf unserer Erde. Schön, dass du da bist. Wir wünschen dir mit deinem ersten Teddy viel Spaß.« Oder mal zur Hochzeit ein Überlebenspaket für die Hochzeitsreise. Je mehr Sie von Ihren Kunden wissen, desto enger wird die Bindung sein. Je enger die Bindung ist, desto besser wissen Sie, wann und vor allem was Sie verschenken wollen.

Und, Freunde, das, wovon ich hier rede, ist keineswegs professionelles Geschleime. Sondern echte Freude am Verkaufen. Ich weiß nicht, wie es Ihnen geht, aber für mich sind Kunden erstmal Menschen. Und wenn ich dem einen Menschen, mit dem ich es gerade zu tun habe, eine Freude machen kann, dann freue ich mich auch. Und dann macht mir das Verkaufen Freude. So sind Menschen!

Im Kopf des Top-Verkäufers

Ja, Sie haben recht. Das ist alles schön und gut. Aber nicht immer ganz so simpel. Geben Sie es ruhig zu: Sie haben schon mehr als einmal über einen Kunden gedacht: Meine Güte, dieser Typ ist ein echter Kotzbrocken, Korinthenkacker, Schreibtischtäter, Krabbenpuler, Unsympath, Hysteriker, Penner, Psychopath ...

Auch wenn Sie in dem Moment absolut davon überzeugt sind, dass Sie recht haben: Ich sage Ihnen, Sie urteilen immer noch zu schnell über diesen Kunden. Ich weiß, das ist hart. Aber ich will, dass Sie sich dadurch mehr anstrengen!

Atmen Sie durch und dann überlegen Sie, worauf es Ihnen ankommt. Will der Kunde Ihr Schwiegersohn werden? Will er mit Ihnen auf eine einsame Insel ziehen? Braucht er eine Spenderniere von Ihnen? Himmel, nein!

Will er ein Geschäft mit Ihnen machen? Vielleicht. Aber Sie wollen ganz sicher eins mit ihm machen. Und genau darum geht es. Ich muss nicht jeden lieb haben. Ich muss meinen Kunden nicht als Freund haben.

Was ich aber ganz sicher haben muss, ist: Respekt. Ich muss Respekt vor dem Kunden haben. Ich muss Respekt haben vor seiner Leistung. Ich muss Respekt haben vor seiner Situation. Ich muss Respekt haben vor seiner Stimmung. Ich muss Respekt haben vor seiner

Tagesform. MUSS! Frei nach Goethe sage ich: Wenn Sie die Menschen behandeln, wie sie sind, werden sie schlechter. Behandeln Sie sie, wie sie sein könnten, werden sie besser.

Urteilen Sie nicht so schnell, wie einst der damalige US-Präsident George W. Bush. Er hatte bei einer Pressekonferenz einen Journalisten, der eine Sonnenbrille trug, gemaßregelt, es sei unhöflich und respektlos, so dem Präsidenten gegenüberzutreten. Der Journalist trug die Brille, weil er von Geburt an blind war. Respektloserweise.

Urteilen Sie nicht anhand der Kleidung. Stellen Sie sich doch einfach mal vor, Ihr Kunde hieße Pablo Picasso, der bisweilen nachlässig bis unzureichend bekleidet und mit Farbklecksen im Gesicht herumlief. Oder es wäre Keith Richards von den Rolling Stones. Wann haben Sie den zum letzten Mal in frischer Verfassung, ohne Sonnenbrille und seiner Muttersprache mächtig gesehen? Ich halte es mit Nikolaus B. Enkelmann: »Beurteile Menschen nie nach der Kleidung, aber sei gewiss: die anderen tun es bei dir immer!«

Ihr Verkaufserfolg wird nämlich nicht in den ersten drei Minuten des Verkaufsgespräches entschieden, wie jeder versucht, Ihnen einzubimsen, sondern in den drei Stunden VOR dem Gespräch. In Ihrem Kopf. Mit Ihrer eigenen Programmierung. Boris Becker hatte damals gesagt: »Ich hab das Match zwischen meinen beiden Ohren entschieden.«

»Ich habe bei einer Veranstaltung seine Frau kennengelernt!«

Stehen Sie im Aufzug und fahren hoch zu Ihrem Termin und denken: »Verdammt, wieder bei diesen Pfennigfuchsern«, dann ist die Chance viel höher, dass Sie den Abschluss nicht kriegen. Wenn Ihr Kunde partout keine Pluspunkte zu haben scheint, dann müssen Sie sie eben noch genauer suchen! Und wenn Sie welche erfinden ... Ernsthaft!

Ein Teilnehmer eines meiner Seminare war völlig ratlos. Er sagte, er könne einfach an seinem Kunden, Typ cholerischer Besserwisser, keine sympathischen Züge finden. Im Seminar haben wir versucht, uns dem von der inhaltlichen Seite zu nähern. Also: »Kunde ich mag dich, weil heute ein guter Verkäufer und ein guter Geschäftsmann einen guten Deal machen werden.«

Im nächsten Seminar kam er freudestrahlend an und sagte: »Herr Limbeck, ich kann es kaum glauben, aber es hat funktioniert!«

Ich: »Was haben Sie denn getan?«

»Ich habe bei einer Kundenveranstaltung seine Frau kennengelernt.«

Ja, ja, im Seminar wurde auch gelacht. Aber es ging um etwas anderes. Er sagte: »Die Frau ist sehr sympathisch und klug. Wenn der so eine tolle Frau hat, dann muss tief in seinem Inneren auch irgendwo in einem versteckten Hinterzimmerchen ein kleines Fitzelchen Sympathisches sein. Und tatsächlich. Seitdem laufen meine Termine mit ihm ganz anders. Viel besser und konstruktiver.«

Kleinigkeiten bedeuten nicht viel. Sie bedeuten alles.

So, mein Freund, ich sage dir jetzt, was da wirklich passiert ist: Der Verkäufer hat sich durch den Psychotrick selbst manipuliert und hat sich dadurch ein klein wenig entspannt. Daraufhin hat sich der Kunde auch ein klein wenig entspannt. Es gibt nichts entspannenderes als Entspannung. Daraufhin hat sich wiederum der Verkäufer weiter entspannt. Und daraufhin ... Prinzip klar?

Ein anderer Seminarteilnehmer war völlig verzweifelt. Er fand überhaupt keinen Draht zum Kunden. Jeder Termin war für ihn eine Tortur. Herzklopfen. Magenschmerzen. Limbeck, wie krieg' ich denn den? – Versuchen wir es mal mit dem Geburtstag. Ihn persönlich anrufen und aufrichtig und herzlich gratulieren. Nicht so tun als ob. Ehrlich. Von Herzen! – Mein Teilnehmer rief an. Aus seinem Vorzimmer hieß es, der Kunde sei in Frankreich. Geschäftsreise, er kaufe eine neue Produktionsmaschine. Mein Teilnehmer malte sich schon aus, wie der Kunde ihn anschreien würde, weil er ihm auch noch an seinem Geburtstag Roamingkosten für sein Handy aufbrummen würde. Er nahm all seinen Mut zusammen, dachte sich, dass das Verhältnis noch schlechter als bisher nicht mehr werden könnte und rief an. Gratulierte. Am anderen Ende: Gefühlte zwei Minuten Schweigen. Dann sagte der Kunde: »Wow, ich bin richtig gerührt, dass Sie heute an meinen Geburtstag gedacht haben. Danke.«

Seither stimmt die Beziehung zwischen den beiden. Du siehst: Kleinigkeiten bedeuten nicht viel. Sie bedeuten alles.

Wenn Sie die menschliche Seite des Kunden nicht gleich sehen, dann hat doch jeder ein paar Knöpfe, auf die Sie drücken können. Und schwupps, kommt der Mensch zum Vorschein. Ich hatte mal einen Kunden, der konnte nicht menscheln. Optisch hat er auch nicht viel hergemacht. Sie wissen schon – altmodische karierte Sakkos, Busfahrerkrawatten, Gesundheitsschuhe. Der konnte einem auch nie in die Augen schauen, wenn er mit einem sprach. Nach Feedback-Gesprächen habe ich immer auf die Uhr geschaut: meistens kaum über eine Minute, höchstens einsdreißig. Das ging zwei Jahre lang so. Die Geschäfte liefen immer gut zwischen uns, aber eine Beziehung war das nicht.

Irgendwann gab es mal einen Termin, an dem wir uns zum Essen treffen sollten. Ich griff zum Äußersten und rief seine Assistentin an, dreimal drei ist neun, um rauszukriegen, was er gerne isst. Was soll ich sagen, ich hatte trotzdem das falsche Lokal ausgesucht. Wir saßen verkrampft in einem angesagten Laden, er fühlte sich sichtlich nicht wohl, und er guckte mich wieder nicht an. Wahrscheinlich hätte er lieber hemdsärmelig in einer Pilsbar gesessen. Etwas besser wurde es zwar schon, ja. Aber gemenschelt hat es immer noch nicht. – Am Ende war dann tatsächlich ein Zufall nötig. Einer seiner Mitarbeiter, mittlerweile einer meiner besten Freunde, heiratete und ich war eingeladen. Er auch. Erst dann, gemeinsam an einem Tisch, wurde plötzlich alles locker und auf einmal konnte er mir in die Augen schauen und war ein ganz normaler netter Kerl. So ist das manchmal: Schneller ging's eben nicht!

Was immer geht

Erste Frage: Sind Menschen verschieden?

Ja.

Zweite Frage: Sind Menschen gleich?

Ebenfalls ja.

Dritte Frage: Spinnt der Limbeck jetzt?

Nein.

Wenn Sie jetzt Ja sagen wollten, sollten Sie unbedingt weiterlesen. Wenn Sie Nein gesagt haben, sollten Sie zumindest weiterlesen, um nachzusehen, ob wir beide dasselbe meinen.

Also: Menschen, Kunden sind verschieden. Nicht bloß in Geschlecht, Hautfarbe, Alter, Intelligenz, Bildung. Das weiß jeder. Für einen Verkäufer aber ist es absolut notwendig, eine sinnvolle Typologie einzuführen. Welches Modell Sie nehmen, ist ganz egal, es gibt reichlich Auswahl. Ich mache Ihnen ein Angebot: Fünf Typen. Erstens: Geltungs- und Prestigemenschen. Zweitens: Zahlenmenschen, die alles quantifiziert brauchen. Drittens: Menschen, die immer das tun, was andere tun, um in guter Gesellschaft zu sein. Vereinsmeier im positiven Sinne. Viertens: die Unabhängigkeitstypen. Und fünftens: der Umwelt- und sozial engagierte Typ.

Alle guten Verkäufer, die ich kenne, sprechen die Menschen so an, wie sie ticken. Also so, wie der Kunde tickt. Nicht wie der Verkäufer tickt! Der Spruch »Behandle Menschen stets so, wie du selbst behandelt werden möchtest«, hat vielleicht im Kindergarten noch Sinn gemacht. Beim Verkaufen ist er einfach nur grober Unfug. Richtig müsste es heißen: »Behandle Menschen stets so, wie die Menschen behandelt werden möchten.« Einverstanden?

Der Top-Verkäufer erkennt die Leitmotive der Persönlichkeit, die ihm gegenübersteht. Er erkennt das schnell und an kleinen Details. Beinahe wie ein Profiler bei der Polizei, der Handlungsmuster beim

Täter erkennen muss, um die nächste Tat zuverlässig vorauszusagen. Diese Kunst beherrschen die besten der Looky-Looky-Strandverkäufer genauso wie die Top-Verkäufer im Investitionsgüter-B2B-Geschäft, genauso wie die besten der amerikanischen Präsidenten. Nenn es situativ, typgerecht, natürlich, hirngerecht-neuro-dingsda, oder wie auch immer. Der Punkt: Zuerst hinhören, hinschauen, erkennen, verstehen. Dann erst reden. Und zwar so reden, dass es beim Anderen ankommt.

Geltungsmenschen brauchen zum Beispiel Sätze wie: »Damit setzen Sie sich wieder mal klar vom Markt ab. Der Markt wird bewundern, wie innovativ Sie sind ...« Dem Vereinsmeier dagegen gefallen Sätze wie: »Da sind Sie in bester Gesellschaft. Über 80 Prozent der Branche schätzen genau dieses Produkt weil ...« Der Unabhängigkeitstyp fühlt sich besser, wenn ihn sein Finanzpaket unabhängig von der staatlichen Rente macht. Der Umwelttyp hört gerne, dass der Kaffee, den er kauft, fair gehandelt und umweltverträglich angebaut wurde.

Es ist ganz einfach: Der gute Verkäufer erkennt die Leitmotive des Kunden und nimmt sie ernst. Leicht ist es trotzdem nicht ... Jedenfalls: So denken Top-Verkäufer.

Jetzt zum zweiten Schritt: Menschen sind gleich. Kunden sind Menschen. Kunden sind gleich. Alle Menschen haben in ihrem Kern, trotz aller unterschiedlicher Vorlieben und Charakterzüge, dieselben Bedürfnisse und Aversionen. Jeder Mensch, jeder Kunde will Lob und Anerkennung. Jeder Mensch braucht täglich sechs Streicheleinheiten für sein seelisches Wohlbefinden. Ein guter Verkäufer gibt seinem Kunden Anerkennung. Allerdings greift er nicht beidhändig in den Honigtopf. Schleimer kann niemand leiden. Stattdessen: dezente Anerkennung, dezent! Aber auf jeden Fall etwas Nettes, Freundliches, Wertschätzendes. Das geht jedem Menschen, Sie und mich eingeschlossen, runter wie Öl. Sigmund Freud hatte es genau getroffen: Gegen Angriffe kannst du dich wehren, gegen Lob bist du machtlos.

Erst geben, dann etwas bekommen.

Auch das Reziprozitätsprinzip gehört in die Kategorie Lob und Streicheleinheiten. Erstmal etwas geben, dann kommt die Gegenleistung automatisch. Dem kann sich keiner entziehen.

Aber Vorsicht: Es gibt unter den Kunden so richtig gute Leute, die wissen das genauso und die können das genauso wie ein guter neuer Hardseller. Das sind die neuen Hardbuyer. Und da kannst du dann lernen, dass das Prinzip auch andersherum funktioniert. Bei einem meiner offenen Vorträge lernte ich vor Jahren mal einen Vertriebsleiter aus der Fitnessbranche kennen: Riegel, Eiweißshakes usw. Wir hatten sofort einen guten Draht. Gemeinsame Interessen, Vorlieben. Der Kontakt war locker und angenehm – ein freundschaftliches Verhältnis. Er schickte immer wieder mal ein Päckchen seiner Produkte. Ich war in der Dankesschuld, schickte Bücher und CDs, auch mal eine Flasche Wein. Aber er war immer wieder in Vorlage, ich war immer wieder unter Druck, etwas zurückzugeben, und merkte das gar nicht so richtig. Es fühlte sich gut an. Vor Kurzem trafen wie uns irgendwo in Süddeutschland. Wir aßen zu Abend, unterhielten uns über Privates. Außerdem bat er mich beiläufig, ein Seminar für seine Mitarbeiter zu halten.

Und genau hier begann eine Grauzone. Genau an dem Punkt war ich hin- und hergerissen. Welchen Preis setze ich da an? Er kannte meine Preise ja. Musste ich ihm jetzt einen Freundschaftsbonus geben? Warum eigentlich? Strenge Rechnung – gute Freundschaft. Rational war es mir völlig klar, dass es keine Situation war, in der ein Rabatt gerechtfertigt war. Ich hatte ja keinen Vorteil im Gegenzug.

Was habe ich gemacht? Klar, ich habe einen besseren Preis für ihn berechnet. Einen ganz klein wenig besseren Preis. Auch wenn der Kopf etwas anderes sagte, es hätte sich sonst schräg angefühlt, ich war eben irgendwie in der Dankesschuld. Warum auch immer. Das war die Emotion. Ich bin auch ein gutmütiger Kerl. Unser freundschaftliches Verhältnis hat das jedenfalls nicht belastet. Gott sei Dank. Ich war einfach nur froh, als er sagte: »Ja klar, der Preis passt für mich. Alles in Ordnung.«

Hier ist es letztendlich wunderbar einvernehmlich gelaufen. Und meine Milchshakes und Kraftriegel kommen immer noch monatlich per Päckchen. Aber dieser kleine Fall gibt Ihnen eine Idee, wie Kunden heute bisweilen agieren: Sie als Verkäufer kommen schnell an sie ran, sie können schnell eine Beziehung aufbauen – das ist top – aber das bedeutet, dass die Kunden für ihre Offenheit und Bereitschaft, die Beziehung angenehm zu gestalten, auch eine Gegenleistung wollen. Oft ganz unbewusst. Und das setzt Sie unter Druck.

Das kann Sie zu dem Eindruck verleiten, dass die Forderungen der Kunden immer unverschämter werden. Sie erwarten mehr. Ob in der Leistung oder im Preis. Und das stimmt objektiv auch tatsächlich so. Machen Sie sich insbesondere klar: Je privater Ihr Verhältnis zu einem Kunden ist, desto eher sind Sie bereit, größere Zugeständnisse zu machen. Größere Zugeständnisse als Ihren anderen Kunden gegenüber. Vielleicht größer als Sie sollten und als es angemessen wäre.

Meine Erfahrung zeigt: Wenn die Kunden in eine Lage kommen, ein allzu gutes Verhältnis zwischen Verkäufer und Kunden ausnutzen zu können – dann werden Sie es auch versuchen. Sei es zum Beispiel bei Stornoregelungen, Preisen oder Zahlungszielen. Das sollten Sie über Ihre Kunden wissen.

Was Ihnen vielleicht hilft bei diesem ganz speziellen Dilemma: Machen Sie sich nicht zum Anwalt des Kunden. Er ist erwachsen. Er weiß selbst, wie er seine Entscheidungen zu fällen hat. Je besser Ihr Verhältnis zu ihm ist, desto mehr hat er verdient, dass Sie selbstbewusst und mit Prinzipien auftreten. Und ein Prinzip ist: Der Preis steht. Ein anderes: Keine Leistung ohne Gegenleistung. Und ein drittes: Handel ist, wenn beide was davon haben.

Ich habe gut reden, ich habe ja gerade selbst erzählt, dass ich unter dem immensen sozialen Druck ein wenig nachgegeben habe. Aber lassen Sie dann, wenn es nicht mehr anders geht, nicht substanziell nach, sondern nur symbolisch. Und verkaufen Sie sich selbst das Ganze dann gut: Der Verstand findet nachträglich ja immer eine passende Begründung für die Entscheidung unserer Gefühle. Das ist der Ausweg: Geben Sie dem Kunden ein Signal, einen kleinen symbolischen Nachlass, der nichts anderes bedeutet als: du Freund, ich Freund. Aber gehen Sie nicht weiter runter! Machen Sie nicht den Fehler zu glauben, dass es dem Kunden immer nur um den Preis geht. Gekauft?

Spiegelblick: Was glauben Sie eigentlich, wer Sie sind?

In all den Seminaren, die ich bislang gehalten habe, in all den Fortbildungen und Trainingseinheiten, bei all den Banken, Mobilfunkanbietern, Versicherungen, Dienstleistern oder Technologiefirmen, in all den Jahren habe ich immer auf eine ganz bestimmte Frage von einem Teilnehmer gewartet. Die eine Frage, auf die es ankommt. Sie kam nie.

Die Frage kam nie. Obwohl sie so naheliegend wäre. Ich hoffe, wenn Sie dieses Buch – zumindest dieses Kapitel – gelesen haben, werden Sie mir die Frage stellen, wenn Sie mich das nächste Mal sehen.

Die Frage können Sie aber nur stellen, wenn Sie den Menschen kennen, der Ihnen in die Augen schaut, wenn Sie vor dem Spiegel stehen. Du musst wissen, wer du bist, sonst kommst du nicht drauf.

Ich weiß ein kleines bisschen, wer Sie sind, denn Sie hätten das Buch nicht in die Hand genommen und schon gar nicht bis zu dieser Stelle gelesen, wenn Sie nichts mit dem Verkaufen zu tun hätten. Aber was heißt das in Ihrem Falle genau?

Vorbildlich verkaufen

Wenn Sie es schon einmal mit einem Trainer zu tun hatten, kennen Sie vielleicht die Antwort auf folgende Frage: Was sieht eine Katze im Spiegel? – Antwort: Einen Löwen. Und was sieht ein Löwe im Spiegel? – Antwort: Eine Katze.

Und was sehen Sie im Spiegel? – Einen Top-Verkäufer? Einen Spitzenverkäufer? Einen Hardseller?

Immer langsam. Denn selbst wenn Sie ein guter Verkäufer sind, ist das Selbstbild »guter Verkäufer« nicht unbedingt eine gute Basis für Ihr Selbstbewusstsein. – Oh Mann, was will der Limbeck jetzt schon wieder? Pass auf: Wenn Sie von sich denken, dass Sie doch schon ein sehr ordentlicher, ganz passabler, guter Verkäufer sind, dann beziehen Sie sich auf Ihre Vergangenheit. Und die ist, verzeih, morgen keinen Pfifferling mehr wert. Nicht was Sie gestern waren, gemacht, geleistet haben, ist interessant, sondern was Sie HEUTE sind. Der Glaube, in der Vergangenheit etwas Tolles erreicht zu haben, führt nur dazu, dass Sie andere das spüren lassen. Meistens unbewusst und gar nicht absichtlich. In der Wirkung: arrogant. Nicht besonders sympathisch. Und ein unsympathischer, arroganter Verkäufer, ja, wie soll der denn jetzt einen ordentlichen, passablen Job machen? Glaub mir: Dein Erfolg von gestern ist dein Misserfolg von heute – wenn du nicht jeden Tag weiter an dir arbeitest. So sieht's aus.

Also vergiss einfach, was du warst. Konzentrieren Sie sich auf den Menschen, den Sie jetzt gerade im Spiegel sehen. Sehen Sie den Verkäufer, den Sie jetzt gerade sehen, nicht als ihr Spiegelbild, sondern als Ihr Leitbild. Der Mann im Spiegel ist nicht der, der schon etwas erreicht hat. Sondern der, dem es Spaß macht, JETZT noch etwas mehr geben zu können. Und künftig noch mehr geben zu wollen.

Denken Sie darüber nach, was Sie noch alles können. Sie glauben gar nicht, was noch alles möglich ist für einen Menschen. Falls Sie Mühe haben, den Menschen im Spiegel als Leitbild zu erkennen, kann ich Ihnen jemanden zeigen, der als Leitbild prima passt.

Der Mann heißt Thomas Geierspichler. Ein junger Mann wie viele hunderttausend andere. Er ging zur Schule, lernte, arbeitete, hatte Schwierigkeiten mit dem Vater, ging gerne aus, tanzte gern. Wie gesagt: wie so viele andere auch. Auf dem Nachhauseweg von der Disko schlug das Leben eines Nachts mit der ganzen Härte zu: Thomas saß auf dem Beifahrersitz, sein Kumpel am Steuer schlief ein. Als Thomas aufwachte, war er querschnittsgelähmt.

Wenn Sie nun denken, dass es schlimmer nicht mehr werden könnte, irren Sie. Thomas' Leben zerfiel in noch kleinere Stücke: Die Beziehung zu seiner Freundin zerbrach. Er trank zu viel. Rauchte zu viel. Nahm Drogen. Ging vor die Hunde. Der totale Absturz schien vorprogrammiert.

Irgendwann schleppte ihn ein Freund mit in eine Kirche. Thomas kam mit – weniger aus Überzeugung, mehr aus Langeweile. Und dann? Dann passierte was. Dieser Kirchenbesuch veränderte ihn. Der Satz aus dem Lukasevangelium »Alles ist möglich dem, der glaubt« war ab diesem Moment sein Leitmotiv. Thomas ließ die Drogen und den Alkohol sein und begann mit Sport. Beim Rollstuhlbasketball traf er auf einen Rennrollstuhlfahrer. Und wieder passierte etwas. Seit dieser Begegnung war Sport für ihn nicht einfach nur Sport, sondern Wettkampf. Mit einem Ziel vor Augen. Schon früher als kleiner Junge war er vor dem Fernseher gerührt gewesen, als die Skispringer und Abfahrtsläufer eine Goldmedaille umgehängt bekamen und für sie die Nationalhymne gespielt wurde.

Die vielen anderen Medaillen und Siege zähle ich gar nicht auf.

Thomas hatte ein neues Ziel: Er wollte als Rennrollstuhlfahrer so gut werden, dass man für ihn die Nationalhymne spielte. Inzwischen hat er es geschafft. Und das mehr als einmal. Thomas Geierspichler errang fünfmal Gold. Fünfmal österreichische Bundeshymne. Die vielen anderen Medaillen und Siege, die zähle ich gar nicht mit auf.

Falls unklar ist, warum ich das erzähle: Du musst nicht im Rollstuhl sitzen, um Herausragendes zu leisten! Richtig? Und das Herausragende muss auch nicht eine Goldmedaille und die Nationalhymne sein. Einverstanden? Es kann auch einfach das Leuchten im Gesicht eines Kunden sein. Übersetzt für einen Verkäufer bedeutet das Geierspichler-Gleichnis zum Beispiel: Ich will nicht einfach den Auftrag, sondern ich will, dass der Kunde gerne bei mir kauft.

Warum kauft der Kunde gerne bei mir? Weil ich ihm einen Nutzen verschaffe. Ihm das Leben leichter mache. Zu seinem eigenen Erfolg und zu seiner Fortentwicklung einen Beitrag leiste. Ihm etwas Gutes tue. – Die Kohle? Der Umsatz? Der kommt dann von ganz allein. So funktioniert Verkaufen schon seit tausenden von Jahren.

Wer sich mit den Schlechteren oder mit dem eigenen Gestern vergleicht, der fühlt sich gleich besser. Keine Frage. Aber der wird nicht besser! Und besser zu werden, über das Gestern herauszuragen, ist das einzig Sinnvolle. Denn sonst hört dein Herz auf, fürs Verkaufen zu schlagen. Und dann kannst du's gleich lassen.

Die Zukunft gestalten, statt sich mit der Vergangenheit zu messen, das kann mittlerweile auch mein Sohn. Nach jedem Zeugnis interessiert ihn überhaupt nicht, ob er besser war als beim letzten Zeugnis und ob er sich von einer Drei auf eine Zwei verbessert hat oder was auch immer. Wozu auch! Völlig uninteressant, Schnee von gestern. Stattdessen trägt er schon mal seine Wunschnoten fürs nächste Zeugnis ein. Glaub mir: Diese Visualisierung, diese Selbstmotivation ist kinderleicht.

Den akquiriere ich!

Vor einiger Zeit sollte ich die Verkaufsmannschaft eines Regionaldirektors in einem Konzern trainieren. Etwas lahm seien seine Mitarbeiter geworden. Ein bisschen Anschubmotivation von mir bräuchten sie. Ich sitze also im Seminar mit ihm und seinen Leuten, als die Tür aufgeht und sich ein Herr im Anzug hinten in die letzte Reihe setzt. Er stellt sich nicht vor, sagt nur Hallo. In diesem Moment verändert sich schlagartig die Körpersprache meiner Seminarteilnehmer. So als hätte jemand ihnen auf einem unsichtbaren Kasernenhof einen stummen Befehl zugebrüllt, nehmen sie Haltung an und erhöhen ihre Konzentration um eine volle Umdrehung.

Oha, denke ich – jemand von der Zentrale. Jemand in der Hierarchie oberhalb des Regionaldirektors. Noch während des Seminars steht der Herr auf und geht. Der Regionaldirektor folgt ihm auf dem Absatz. Tatsächlich, jemand von ganz oben. Ein mächtiger Entscheider. Bingo. Ein Vorstand, wie sich herausstellt.

Na? Was hätten Sie als Nächstes gedacht? Gut dass er weg ist? – Nein, ich sage Ihnen, was der Limbeck gedacht hat: Was für eine Gelegenheit! Den akquiriere ich! Sofort nach dem Seminar.

Das Seminar ist zu Ende. Ich gehe also los, um meinen Mantel und meine Tasche aus dem Büro des Regionaldirektors zu holen. Selbstverständlich sitzt vor dem Büro eine weibliche Firewall. Beiläufig frage ich sie: »Na, sind die beiden da drin?«

Ja, so läuft das. Ich bitte nicht untertänig darum, vielleicht mal den Herrn Direktor stören zu dürfen, falls es denn möglich sei, bittebitte. Stattdessen: »Na, sind die beiden da drin?« – Die Firewall kauft das Passwort und gibt den Zugang frei. Sie sagt: »Ja.«

Ich klopfe und gehe einfach rein. Dann sage ich: »Guten Tag meine Herren, ich wollte nur eben meine Sachen holen.«

Ich gehe zum Regionaldirektor, um mich zu verabschieden. Ist das frech, denken Sie, die Hierarchie nicht einzuhalten, sich nicht zuerst vom Vorstand zu verabschieden? Nein, finde ich nicht. Er hat sich mir nicht vorgestellt! Also hat er es verdient. Außerdem: Buckeln ist keine Option. Ich gebe also dem Regionaldirektor die Hand, verabschiede mich und gehe dann zum Vorstand. Ich nicke ihm zu während ich sage »Lesen Sie gern?«

Sie müssen die Wege einhalten? – Sie müssen gar nichts.

Wenn Sie schon mit einem Nicken eine solche Frage gestellt bekommen, wer sagt da schon nein? Er nickt. Ich sage: »Wenn Sie mir Ihre Karte geben, lasse ich Ihnen meinen Bestseller zukommen.«

Er rückt die Karte raus. Jetzt kann ich gehen. Eins zu null.

Ich schicke ihm also einen Brief zusammen mit meinem Buch und schreibe, dass er vermutlich enttäuscht von mir als gutem Verkaufstrainer gewesen wäre, wenn ich nicht die Gelegenheit genutzt hätte, auf mich aufmerksam zu machen, usw. usw.

Warum ich Ihnen diese Geschichte erzähle? Weil es keine Frage von Mut ist, eine solche Gelegenheit sofort zu ergreifen. Sondern eine Frage des Selbstbildes. Wenn ich ein netter Typ bin, der gerne mal was verkauft, dann erkenne ich nicht, dass da auf der Stirn des fremden Störers im Seminar »Chance« steht. Verkäufer dagegen, echte Verkäufer, die IMMER verkaufen, die erkennen das sofort. Ich bin

Verkäufer. Wenn ich schon mal einen solchen Top-Entscheider zu fassen kriege, dann muss ich einfach handeln, sofort, egal was dabei herauskommt. Ob es am Ende wirklich einen Abschluss gibt oder nicht. Lassen Sie sich nicht immer erzählen, sie müssten »die Wege einhalten.« Sie müssen gar nichts. Das Einzige was Sie müssen ist verkaufen – wenn Sie ein Verkäufer sind. Sie weiter nach unten delegieren, das kann der Top-Entscheider dann immer noch. Einverstanden?

Und was glaubt der Limbeck eigentlich, wer er ist?

Es ist ziemlich hoch hier. Höher als auf einer Theaterbühne. Ich gucke nach links. Dann nach rechts. Keine Fenster hier in der Muffathalle in München. Dort unten sitzen sechshundert Menschen, die mich erwartungsvoll anschauen. Alle sind da. Meine Eltern, wichtige Kunden, Freunde, Verwandte. Alle. Und dann auch noch die anderen Kollegen. Alles Vortragsprofis. Alles große Nummern wie Erich-Norbert Detroy, Alexander Christiani, Dirk Kreuter und Klaus J. Fink. Genau wie ich soll jeder einen einstündigen Vortrag halten.

Ich fange nervös an zu reden. Nach einer Viertelstunde schiele ich auf die Uhr. Die Zeit dehnt sich und mein Vortrag geht und geht nicht vorbei. Endlose sechzig Minuten – gefühlte drei Stunden. Ich quäle mich durch den Vortrag. Noch schlimmer: Ich quäle mein Publikum.

Der war so plump. Der war so dämlich. Das war der schlechteste Vortrag meines Lebens. Ich war sowas von froh, dass ich wieder von dieser Bühne runter war. Entsetzlich. Was habe ich mir bloß dabei gedacht? Ich, der Anfänger, hatte es allen beweisen wollen. Hatte zeigen wollen, dass ich ein Großer bin. Und jetzt hatte ich's versiebt.

Wie war es dazu gekommen? Eigentlich war ich doch auf dem besten Weg gewesen.

Ich war früh im Vertrieb. Habe mich früh selbstständig gemacht. Mit 27 als Trainer. Ich hatte eine gute Ausbildung und trat das Gaspedal durch bis aufs Bodenblech: 141 Tage im ersten Jahr verkauft! Mach mir das mal nach! Und dann? Klar, die nächste Herausforderung suchen. Da waren die Stars der Szene: Jörg Löhr, Bodo Schäfer, Vera F. Birkenbihl, Hans Uwe Köhler, und wie sie alle heißen. Jeder einzelne von ihnen wusste genau, was er tat, hatte sich messerscharf in seinem spezifischen Segment positioniert.

Aber was war eigentlich meine Positionierung? Was unterscheidet mich von allen anderen? Oder, grundsätzlich formuliert: Wer bin ich eigentlich?

Ich, Martin Limbeck, denke ich, bin am besten in einem »harten« Verkaufsgespräch. Im »Hardselling.« So wie es die Top-Verkäufer in den USA in den 1960er- und 1970er-Jahren gepredigt haben. Mir war klar, dass sich die Zeiten seitdem gewaltig verändert haben. Deshalb war es auch nötig, einen neuen Blickwinkel zu entwickeln. Einen Blickwinkel, der auch mir und meinen Werten gemäß ist. Das »neue Hardselling«: Du musst deinen Kunden respektieren, ehrlich bleiben, fair – aber trotzdem: Dein Fokus liegt immer auf dem Abschluss. Gut, ich wusste, was ich kann, was ich will. Ich wusste auch ganz genau, was ich eigentlich zu sagen hatte und was das Neue an meinem Hardselling war. Und wie Positionieren in unserer Welt geht, haben mir die Cracks vorgemacht: Ein Buch schreiben. Also schrieb ich das Buch, in dem das alles drinsteht, in dem jeder nachlesen kann, wie du es anstellst: *Das neue Hardselling - Verkaufen heißt verkaufen.* Treffer!

Und dann? Was hast du denn gedacht? Als Verkäufer nach oben, als Trainer nach oben, als Buchautor nach oben. Klar, Limbeck sucht den nächsten logischen Schritt: nach oben. Limbeck will reden. Und er will das auch vor großem Publikum haben. Limbeck will Speaker sein.

Limbeck, was hast du dir dabei eigentlich gedacht?

Das war damals die Zeit in Deutschland, in der ein Bodo Schäfer oder ein Jürgen Höller in den großen Hallen vor 10.000 Menschen sprachen. In der die Speaker in Amerika noch viel größere Hallen füllten. Das war unglaublich faszinierend. Ich wollte dabei sein. Es müsste noch nicht einmal nur ein einziger Speaker mit einem einzigen Thema sein, tüftelte ich. Wieso nicht die Besten auf eine Bühne bringen? Fast so wie die »Drei Tenöre«, nur mit Speakern eben ... Ich gründete also die »Sales Masters« mit Christiani, Detroy, Fink und Kreuter. Als Ort für meine erste Großveranstaltung wählte ich ein ehemaliges Heizkraftwerk in München: die Muffathalle. Genau so kam das.

Und dann dieses Desaster. Ich stolperte total deprimiert diese mindestens zwei Meter hohe Bühne herunter. Ich hatte gerade den schlechtesten Vortrag meines Lebens gehalten. Ich wollte, dass sich jetzt sofort der Boden öffnet, um mich zu verschlingen. Das wäre angemessen gewesen. Limbeck, was hast du dir eigentlich dabei gedacht? Hast mit den Großen mitspielen wollen und hast dich gleich beim ersten Mal granatenmäßig blamiert. Schuster, bleib bei deinen Leisten. Du bist ein guter Trainer. Aber ein guter Speaker? Bist du ganz sicher nicht. Oh Mann, ich war dermaßen am Boden, das waren akute Schmerzen. Ich hätte stundenlang schreien können.

Am nächsten Tag telefonierte ich mit Alexander Christiani. Er hatte mitbekommen, wie fertig ich nach meinem Vortrag gewesen war. Er fand auch, dass ich schlecht war. Na, herzlichen Dank. Aber dann sagte er: »Dass du schlecht warst, liegt nicht daran, dass du kein Speaker sein kannst, sondern nur, dass du üben musst. Wie alle. Wie kommst du darauf, dass das für dich nicht gilt? Jeder fängt mal an. Aber keiner ist sofort am Ziel. Geh den Weg, keine Abkürzung. Du hast das Zeug, die Idee, die Körpersprache. Bitte mach weiter. Übe!«

»Hmmm.«

»Übe!!«

»Also ...«

»Übe!!!«

Vier Jahre später, Darmstadt. Großveranstaltung. Top-Vorträge. Einer ist der mit Abstand beste. Welcher? Der vom Limbeck. Mein Freund Alexander Christiani hatte recht. Ich war meinen Weg gegangen. Und heute weiß ich: Ich bin ein Top-Speaker.

Jetzt weißt du, für wen ich mich halte. Großkotzig? Dann hast du den Limbeck noch nicht verstanden. Üben heißt das Zauberwort. Üben, üben, üben!

You live, you learn

Wenn du glaubst, die Selbstzweifel hören auf, sobald du an die Spitze gekommen bist, dann kannst du nur enttäuscht werden, kein Zweifel. Denn so läuft das nicht. Sie werden immer da sein. Bin ich wirklich ein Top-Verkäufer? Das hört nie auf. Falls die Zweifel einmal doch ganz verschwunden sind, kann nur dreierlei passiert sein: Sie sind entweder im Koma. Oder Sie haben den Beruf gewechselt. Oder Sie haben die Bodenhaftung verloren. Im dritten Fall sind Sie arrogant und unausstehlich geworden. Das ist übrigens genau die Berufskrankheit von uns Verkäufern. Metzger leben mit zehn minus X Fingern. Profifußballer kommen irgendwann ohne Morgengymnastik nicht mehr aus dem Bett. Verkäufer verlieren die Bodenhaftung.

Vielen guten Verkäufern passiert das. Den RICHTIG guten allerdings NICHT! Wieso nicht? Sie arbeiten mit dem Zweifel. Top-Verkäufer brauchen Misserfolge, um zu reflektieren. Zweifel und Misserfolge sind notwendige Bausteine für die Gespräche und Feedbacks, die sie besser machen. Ein Spitzenverkäufer kann eine Woche lang auf den Schultern seiner Kollegen jubelnd herumgetragen werden, weil er einen Bombenabschluss gemacht hatte. So als hätte er einen Wal mit seinen eigenen Händen an Land gezogen. Derselbe Verkäufer kann trotzdem deprimiert und voller Selbstzweifel sein, weil er tags darauf einen winzigen Einzelkunden nicht gekriegt hat. Damit müssen Sie leben, wenn Sie gut sein wollen: Immer himmelhoch jauchzend, dann zu Tode betrübt ... Sie fragen sich nun natürlich zu Recht: Was faselt der da? Sollen die Typen alle manisch-depressiv sein? Haben Spitzenverkäufer alle einen an der Klatsche?

Ich muss da jetzt nicht widersprechen. Aber zumindest die Frage beantworten, wie solche emotionalen Berg- und Talfahrten auszuhalten sind, ohne aus der Kurve zu fliegen ... Der Zauberspruch hat zwei Wörter: Lernen und Feedback. Ganz banal.

Zum ersten ist zu sagen: Achte darauf, von wem du lernst. Sie sollten sich niemals von einem Finanzer beraten lassen, der selbst Pleite ist. Sie sollten niemals in ein Konfliktmanagementtraining gehen, bei dem der Trainer ein gebrochenes Nasenbein hat. Sie sollten nicht zur Eheberatung gehen bei einem Psychologen, der selbst schon siebenmal geschieden ist. Lernen Sie nie von jemandem, der nicht top ist beim jeweiligen Thema. So ist das auch beim Verkaufen. Klar, das Gefühl jemandem zuzusehen und zu denken »das kann ich besser« ist auch mal ganz wohltuend. Aber besser macht einen das nicht wirklich.

Deshalb: Analysieren Sie genau die, von denen Sie beeindruckt sind. Wie machen die das? Wie reden sie? Wie bewegen sie sich? Was sagen sie? Wie strukturieren sie? Wie argumentieren sie? Was macht sie so beeindruckend?

Lernen heißt aber nicht nachmachen. Sie sind ja schließlich kein Chinese. Oder? Fragen Sie sich: Was von dem, was ich da gesehen habe, passt zu mir? Was ist angemessen für mich, für meine Persönlichkeit? Was kann ich adaptieren, anpassen, weiterentwickeln, abändern?

Auswählen, analysieren, adaptieren, eins, zwei, drei. Dann Schritt Nummer vier. Genau: Üben! Probieren Sie so lange aus, was gut zu Ihnen passt, bis es Ihnen in Fleisch und Blut übergegangen ist. Bis Sie sich sicher fühlen. Bis es ein Teil Ihres Wesens geworden ist. Und andere Ihnen das auch bestätigen. Das ist nämlich das zweite Zauberwort: Feedback.

Sie brauchen die Rückmeldung anderer Menschen. Und wer sollen diese Menschen sein? Ein Kunde. Ein Kollege. Ein Familienmitglied. Ein Konkurrent, nein, ich meine natürlich ein Bewunderer. Der Beichtvater. Ihr Hund. Wichtig ist nur, dass es jemand ist, dem Sie vertrauen. Jemand, der sowohl fair als auch ehrlich ist. Und

Feedback ist ein Geschenk. Ein wertvolles dazu.

das, was Sie tun, auch beurteilen kann. Jemand, der es gut mit Ihnen meint.

Früher habe ich immer alle gefragt, und bin damit vermutlich einigen gewaltig auf den Keks gegangen. Heute mache ich das anders. Ich halte mich an meine Freunde und Kollegen von den Sales Masters, Andreas Buhr und Dirk Kreuter – die sind fair und ehrlich. Wenn wir zusammen auftreten, dann notieren wir, was uns am Vortrag des anderen gut und was uns weniger gut gefallen hat. Allgemeine Urteile sind dabei nicht zielführend – du musst schon nachfragen und wissen wollen, was genau gefallen hat. Was genau genervt hat. Und nochmal nachfragen: Was genau? Wie genau?

Feedback ist ein Geschenk. Ein äußerst wertvolles sogar. Wenn Sie erstmal die professionellen Nörgler aussortiert haben. Und irgendwann allen Neidern relativ cool gegenüberstehen. Dann kann auch das Feedback eines total Unbekannten ein Schritt sein, der einen nicht nur nach vorne, sondern auch weiter nach oben bringt.

Ein Beispiel: Sales Night in Wiesbaden. Einer meiner geschätzten Kollegen hatte den besten Vortrag des Abends geliefert. Echt stark, mitreißend. Er war besser als ich an diesem Abend. Nach dem Vortrag stand ich an der Bar und eine Dame aus dem Publikum sprach mich an: »Herr Limbeck, darf ich Ihnen ein Feedback geben?«

»Sicher, bitte gern.«

»Ich habe Sie schon einmal erlebt. Damals waren Sie besser. Doch, doch. Sie waren heute gut. Aber irgendwie hat mir Ihre Frechheit gefehlt.«

Die Dame hatte recht: Ich war gut gewesen, aber eben nicht spitze. Was daran lag, dass ich einen suboptimalen Tag gehabt hatte. Ich war zwar, wie immer, drei, vier Stunden vor dem Vortrag schon da gewesen, um ein Gefühl für die Stimmung des Raums und des Publikums zu bekommen. Aber ich hatte ein paar familiäre Probleme im Hinterkopf mit zum Vortrag gebracht. Und wer den Vergleich hatte, so wie die Dame offenbar, der hat das gemerkt.

Die Dame war nicht neidisch. Sie war keine Nörglerin. Sie wollte sich keinen Vorteil verschaffen, sich nicht einschleimen. Nein, sie wollte mir ein Feedback schenken. Mit Schleife drumrum. Ich habe mich einfach bei ihr bedankt und habe das Geschenk angenommen, indem ich dazugelernt habe. Was ich daraus gelernt habe? Dass das Publikum, dass der Kunde nichts für deinen persönlichen Stress kann. Dass der Kunde den besten Verkäufer verdient hat, den du abrufen kannst. Ob du einen Scheißtag wie der siebte von sieben Tagen Regenwetter hattest, interessiert nicht. – Kein Grund zum Hadern. Seien Sie nett zu sich und analysieren Sie, was gelaufen ist, damit Sie besser werden.

Die beiden mächtigen Gegenpole in diesem System sind Lockerheit und Perfektionismus. Lockerheit birgt die Gefahr in sich, zu gleichgültig oder zu sorglos zu werden. Perfektion dagegen erzeugt bei den Anderen Aggression. Gegenwind. Den Wunsch, das Perfekte zu zerstören. Das ist auch ungesund.

Sorglosigkeit ist eine Illusion, Perfektion ist eine Illusion, beide sind gefährlich, beide sind Formen von Arroganz. Das Ziel ist, dazwischen die Balance zu finden, damit am Ende ein realistisches, ehrliches und aufrichtiges Selbstbild steht. Eines, das Ihnen gut zu Gesicht steht.

Der Gencode des Top-Verkäufers

Je weiter oben in der Hierarchie, desto größer sind die Entscheidungen, die dort gefällt werden. Je größer die Entscheidungen, desto größer ist das Budget, desto größer sind die Aufträge, desto mehr Umsatz und Gewinn sind zu erreichen. Und: Je teurer eine Sache oder eine Leistung ist, desto leichter ist sie zu verkaufen, weil weniger Menschen an der Entscheidungsfindung beteiligt sind. Deswegen ist ein erstklassiger Verkäufer kompromisslos kontaktfreudig: Er hat keine Angst vor Titeln und Hierarchien.

Der Top-Verkäufer kennt alle Einwände: Keine Zeit, kein Interesse, jetzt schon zufrieden …

Was ist er noch und was hat er noch, der Top-Verkäufer? Er hat im Schnitt jeden einzelnen Tag vier Kundentermine. Er führt jeden Tag durchschnittlich 20 Kundentelefonate. Er hat im Schnitt wenigstens zehn, fünfzehn Jahre Verkaufserfahrung. Er ist in einer Hierarchie nur schwer zu führen, denn er sieht sich als die kleinste Nummer: die Nummer eins. Ob er es in Wirklichkeit ist? Egal. Programmiert darauf ist er jedenfalls.

Jeder Spitzenverkäufer hat einen anderen individuellen Ansatz im Verkaufsablauf. Sei es Softselling, Hardselling, neues Hardselling – ganz einerlei, auf Patentrezepte kommt es nicht an. Allen gemeinsam ist: Sie haben eine durchdachte, geübte, erprobte Struktur, mit der sie durch das Verkaufsgespräch gehen, um am Ende den Auftrag einzutüten. Keiner dieser Ansätze muss einer Norm entsprechen. Im Klartext: Ich will gar nicht, dass Sie genauso verkaufen wie ich. Sondern dass Sie so verkaufen, dass Sie das beste Ergebnis erzielen – und sich dabei wohl in Ihrer Haut fühlen.

In den letzten 3.500 Jahren haben sich die Kundeneinwände nicht geändert. Sie werden sich auch in der nächsten Zukunft nicht ändern. Ein Top-Verkäufer kennt alle diese Einwände: Keine Zeit, kein Interesse, haben bereits festen Verkäufer, zu teuer, jetzt schon zufrieden, haben gerade neuen Vertrag abgeschlossen – immer das Gleiche.

Nicht nur das. Er kennt auch die Antworten darauf. Innerhalb einer Nanosekunde hat er entschieden, welche Methode er für das Verkaufsgespräch einsetzen muss, um zum Erfolg zu kommen.

Er lebt damit, auch mal den falschen Ton getroffen zu haben. Er geht immer etwas weiter und mit mehr Druck vor als der Durchschnittsverkäufer. In der Gesamtsumme aller Geschäfte werden meiner Einschätzung nach mehr Abschlüsse vergeigt, verquasselt und verlabert als zum Abschluss gebracht. Selbst dann noch wird auf den Kunden eingequatscht, wenn der sich innerlich schon von dem Geschäft verabschiedet hat. Oder noch schlimmer: Auch dann noch, wenn der Kunde sich eigentlich schon für das Geschäft entschieden hat – um es dann doch noch sein zu lassen, weil der Verkäufer vor lauter Heißluftproduktion den Abschluss verpasst.

Top-Verkäufer sind keine Fremdenführer für den Kunden. Keine Betreuer. Keine Moderatoren. Keine Pfleger. Sie bilden den Kunden nicht am Produkt aus. Trichtern ihm keine auswendig gelernten Bedienungsanleitungen ein. Sind keine Wissensvermittler. Keine Informationsanästhesisten. Lassen keine Technoduschen ab und keinen Faktenregen niedergehen. Verabreichen keine Produktmerkmalmassagen.

Stattdessen nutzen sie ihre Zeit. Während andere schon vor der Glotze sitzen und »Gute Zeiten, schlechte Zeiten« gucken, sind sie noch bei der Arbeit. Sie alle sind bereit, Extrameilen für den Kunden zu gehen. Sie alle tun mehr als von ihnen verlangt wird. Sind fleißig, fleißig, fleißig, auch wenn das sehr deutsch klingt. Sie alle sind lernbegierig wie Erstklässler. Sie suchen nach DEM entscheidenden Satz im Verkaufsgespräch, die eierlegende Wollmilchsau. Obwohl: Gibt es die überhaupt?

Keiner von ihnen jammert.

Jeder Top-Verkäufer hat auch ein gutes Selbstwertgefühl. Keiner von ihnen jammert! Nicht nur das: der Top-Verkäufer kann das Gejammere des Durchschnittsverkäufers nicht ertragen. Ihm wird davon schlecht.

Sie sind immer gut vorbereitet. Sie sind immer gut angezogen – passend zur Branche, selbstverständlich. Gute Uhr, edles Schreibgerät, guter Anzug, gutes Hemd, super Krawatte, makellose Schuhe. Sie sind immer hungrig. Erfolgshungrig. Wer lamentiert, dass Kokosnüsse eine harte Schale haben, der hat noch nie Hunger gehabt. Steve Jobs hatte völlig recht, als er 2005 an der Stanford University bei der Abschluss-Zeremonie seinen berühmten Gänsehaut-Vortrag hielt und am Ende sich von den Absolventen wünschte: »Stay hungry. Stay foolish.«

Der Grund, warum die eine Frage nicht gestellt wird

Woran erkennen Sie den »nur« guten oder mittelmäßigen Verkäufer? An der Kleinheit seiner Selbstzweifel und an der Größe seiner

Zweifel an allem und jedem um ihn herum. Er sieht den Kunden ausschließlich als Mittel zum Zweck. Sucht die Schuld immer woanders: Beim Produkt, das er verkauft. Bei der Firma, für die er arbeitet. Bei seinem stressigen Job, bei seinem Firmenwagen. Und am Ende auch bei seinen Kunden. Was er allerdings nicht bemerkt: Er ist Mittelmaß in seinem Job, und für seinen Misserfolg ist keiner verantwortlich außer er selbst.

Mittelmaß sieht Fortbildung als Bestrafung.

Mittelmaß kommt Punkt neun zur Arbeit und geht Punkt fünf wieder. Mittelmaß sieht eine Fortbildung und ein Verkaufsseminar als Bestrafung oder lästige Pflicht. Ist resistent gegen Feedback, Idee, Tipp und Methode. Mittelmaß braucht Titel wie Gebietsverkaufsdirektor, Direct Sales Manager Region East, Verlagsrepräsentant, Generalverkaufsleiter. Mittelmaß, davon gibt es mehr als genug.

So, jetzt trete ich Ihnen mal ein bisschen auf die Füße: Machen Sie doch selbst mal einen Test. Sie lesen dieses Buch vermutlich, weil Sie Verkäufer sind. Einverstanden? Wie viel sind Sie denn im Außendienst so unterwegs im Jahr? Sagen wir 50.000 Kilometer im Auto. Das heißt, bei einer Durchschnittsgeschwindigkeit von 50 km/h verbringen Sie 1.000 Stunden im Auto. Mehr als 40 volle Tage. Weit mehr als einen ganzen Monat. Und was tun Sie in diesen 1.000 Stunden?

Hm. Sie haben jetzt Runzeln auf der Stirn. Sie ziehen jetzt die Augenbrauen zusammen. – Wie, tun? Auto fahren eben. Was denn sonst?

Ich sag es Ihnen: Fortbildung. Es gibt massenhaft gute Audio-CDs. Wie wäre es, wenn Sie auch nur die Hälfte der 1.000 Stunden, ach, nur ein Viertel der Zeit für Fortbildung nutzen? Um wieviel besser werden Sie dann in Ihrem Job in einem, zwei, drei Jahren?

Dämmert Ihnen, worauf ich hinaus will? Das führt uns zu der Frage zurück, die ich am Anfang des Kapitels erwähnt habe, die mir nie gestellt wird. Warum wird sie nie gestellt? Aus dem gleichen Grund, warum Verkäufer auf ihren Autofahrten nur »die Hits der 80er, der 90er und von heute« im Radio hören: Die Willenskraft und der Grad an Selbstbestimmung sind einfach nicht ausreichend, um initiativ zu werden, um das Wort »Chance« zu sehen, das den Kunden auf die Stirn gemalt ist.

Ich verrate es Ihnen: Kein einziger Seminarteilnehmer von all den Finanzdienstleistern, Telekommunikationsfirmen und Versicherungen hat mich je am ersten oder zweiten Seminartag gefragt, wie ich denn mein Geld anlege. Mit welchem Provider ich telefoniere. Bei wem mein Auto versichert ist. Keiner kam je auf die Idee, dass auch der Limbeck ein Kunde ist. Dass auch der Limbeck vielleicht, vielleicht ein Produkt kaufen will, dass der Seminarteilnehmer zu verkaufen hat.

Verkäufer? – Dann immer und überall Verkäufer!

Kundenbild: Man muss Menschen mögen

So läuft das. Ein alter Bekannter aus der Kopiererbranche hat mich als Trainer empfohlen. Er arbeitet jetzt in einem großen Telekommunikations-Unternehmen und erzählt dort einem Abteilungsleiter von mir. Ich werde engagiert und bringe die Verkaufsmannschaft auf Trab. Ein gutes Seminar. Ich bin gut drauf, Limbeck in Höchstform. Alles gut.

Und jetzt sitze ich zusammen mit dem Abteilungsleiter, also dem, der mich eingekauft hat, beim Abendessen. Kleines Hotel in Norddeutschland, feines Essen. Ich schaue ihn an, ich will was von ihm wissen. Ein sehr angenehmer Mensch ist das: ruhig, ausgeglichen, gewissenhaft, analytisch, introvertiert, ein Ingenieurstyp. Kein Schwätzer. Ich habe ihn gleich gut leiden können. Und weil wir so nett bei feinen Speisen und gutem Wein beisammensitzen, frage ich ihn geradeheraus, wie ich nun so bei ihm angesagt bin nach dem Training. Mach dir das klar, du machst dich mit einer solchen Frage offen wie ein Scheunentor.

»Sie sind ein sehr guter Trainer, Herr Limbeck«, sagt er völlig ruhig. »Aber naja, menschlich sind Sie nicht unbedingt der Typ, mit dem ich in meiner Freizeit gerne ein Bier trinken möchte.«

Äh.

Die Bedienung kommt vorbei und fragt, ob wir noch einen Wunsch hätten. Nein, danke, ich bin bedient. Ich schaue mein Gegenüber an und finde kurz mal keine Worte. Das hat gesessen. Wie mit dem Baseballschläger einen Scheitel gezogen.

Okay, denke ich: Das ist einer, der sagt das nicht einfach so. Wie kommt denn jetzt dieses Urteil zustande? Ich, keiner mit dem man ein Bier trinken möchte? Nur aus Pflichtgefühl hier beim Wein und beim Abendessen? Lästige Pflicht? – Halt. Halt. Jetzt nur nichts reininterpretieren! Limbeck, nimm den Typen ernst! Auch diese Breitseite ist ein Geschenk, der Typ ist immerhin offen und ehrlich zu dir. Warum fragst du das auch, wenn du die Antwort nicht verträgst! Wieso? Vertrag ich doch. Muss nur überlegen ... Während meine inneren Stimmen noch ausfechten, wie denn das nun zu bewerten sei, denke ich zurück an den heutigen Seminartag: Da war ich schon sehr fordernd und dominant gewesen. Sehr drängend. Antreibend. Ein introvertierter Mensch wie er mag das wohl als ziemlich aggressiv empfunden haben. Und von aggressiv bis unsympathisch ist es nicht weit. Wer will schon bei einem gemütlichen Bier ständig einen Einpeitscher im Kreuz haben. Kann ich schon gut nachvollziehen.

Eigentlich völlig harmlos: Er kennt halt nur die eine Seite von mir, die ich heute gezeigt habe. Und mal ehrlich, zuhause oder bei Kumpels hätte ich so einen Starkstromtypen wie Limbeck, den Trainer, auch nicht gerne um mich rum. Die anderen Seiten von mir, woher soll er die auch kennen?

Ehrlich gesagt hat es mir dann sogar gefallen, dass er so aufrichtig war. Der Abend war dann noch ganz nett, er war wohl angenehm überrascht, dass ich nicht verschnupft war, nach seinem Lattenknaller. Später auf dem Zimmer hat es schon eine ganze Weile gebraucht, bis ich einschlafen konnte, weil ich mir eingestehen musste, wie sehr mich das angeknockt hatte. Da kann der Limbeck aus reinem Herzen gern der harte Knochen sein, Mister-Neues-Hardselling hin oder her. Seien wir ruhig kurz mal eine Sekunde ganz nackt und ehrlich zueinander: Wir Menschen, du und ich, wir wollen am Ende des Tages lieb gehabt werden. Bei Mami auf den Schoß, und wenn auch nur ganz kurz. Ich geb's zu, ich bin ein Mensch. Für mich gilt das wie für Sie. Also, vorausgesetzt Sie sind ein Mensch. Ich habe ihn gemocht, also wollte ich, dass er mich mag. Ganz basic. Drum hat das weh getan.

Was ich daraus gelernt habe: Die Frage »Was ist denn bei DEM schiefgelaufen, dass der mich nicht leiden kann?« ist die falsche Frage. Die richtige Frage lautet: »Was ist bei MIR schiefgelaufen, dass ich den Typen dazu gebracht habe, mich nicht leiden zu können?« Schau, ich bin von meiner Selbstwirksamkeit eben restlos überzeugt. Auch im Negativen. Ich zieh mir den Schuh selber an.

Das Interessante war, dass der Mann professionell und integer genug war, um trotzdem meine fachliche Kompetenz anzuerkennen. Denn er hat weiterhin meine Seminare gebucht und Stufenprogramme geordert. Und siehe da: Über die Wochen der Zusammenarbeit, der gemeinsamen Feedbacks und Abendessen, stellte sich zwischen uns eine professionelle Offenheit ein. Irgendwann konnte ich mich leichter öffnen und auch mal etwas Privates erzählen. Und irgendwann gab er mir zu verstehen, dass er seine Meinung über mich als Mensch revidiert hatte. Heute sind wir Geschäftsfreunde, die sich drei, vier Mal im Jahr anrufen, um zu sehen, wo der andere gerade steht. Und obwohl er Werder-Fan ist, gratuliert er mir jedesmal, wenn die Eintracht gewinnt. Guter Typ.

Unter Hanseaten

Neid und Missgunst kennst du. Richtig? Klar. Jeder gute Verkäufer kennt Sozialneid. All diese fiesen Gedanken von Kunden, Einkäufern, Geschäftspartnern, Kollegen, die du in ihren Gesichtern lesen kannst: »Der hat gut reden, bei seinen Provisionen.« Oder: »Bei den Preisen hätte ich auch dauernd ein Grinsen im Gesicht.« Oder: »Mit wem hast du denn gepennt, dass du diesen Posten gekriegt hast?«

Manchmal kannst du den Neid auch hören, zumindest zwischen den Zeilen lesen. Meistens sind es aber die Handlungen, die einen Touch Feindseligkeit und Aggressivität haben. Und öfter hörst du von anderen, was die Neider so hintenrum über einen ablassen. – Also, Leute, ich sag euch: Das ist ganz normal. Kein Grund zur Aufregung. Mach dir klar: Einem Loser passiert das nicht.

Diese Art der Missgunst scheint auch ein typisch deutsches Phänomen zu sein. Das Land der Konsenssüchtigen, der Überversicherten und der Gutmenschen ist auch das Land der Neider. In den meisten Ecken der Welt gibt es das nicht. Von Amerika weiß ich es aus erster Hand. Wenn du dort einem deine Erfolgsgeschichte erzählst, bekommst du erstmal aufmunternde Bestätigung: Well done, boy. Good job! Da wird Leistung honoriert, du bekommst jede Menge positive Energie aus dem Umfeld. Und du hörst Sachen wie: »Ich wünschte, ich wäre auch schon so gut wie Sie. Was muss ich anstellen, damit ich es auch schaffe? Wie haben Sie das so gut hingekriegt?« – Auf so was kannst du hierzulande lange warten. Den Erfolg eines anderen als Ansporn für den eigenen zu sehen, ist hierzulande so normal wie eine Bauchtänzerin im Vatikan. Veranstaltungen wie ein »Million Dollar Sunday« bei dem Geschäftsleute sich treffen und feiern, weil sie wiederholt die Einkommens-Millionengrenze durchbrochen haben, und bei denen du nur mit persönlicher Einladung und finanziellem Nachweis reingelassen wirst – so was wäre in Deutschland nicht drin. Wenn du aus einer solchen Veranstaltung rauskommst, klatschen dir im Foyer wildfremde Amerikaner Beifall. Stell dir das in Deutschland vor: Da müsstest du ja, wenn du da rauskommst, um deine Gesundheit fürchten.

Aber, täusch dich nicht. Ich liebe Deutschland! Hier ist nämlich auch noch was ganz anderes möglich, auch wenn es vermutlich leider seltener wird: Es war noch am Anfang meiner Karriere, als ich abends einen Kundentermin in einem großen Hotel hatte. Ich war Ende zwanzig und wollte einen Kunden akquirieren, der beinahe doppelt so alt war. Obwohl gut vorbereitet, marschierte ich etwas aufgeregt durch das komplett ausgebuchte Hotel. Dass da gerade die Jahrestagung der Siemens-Betriebsräte tobte, machte mich nicht unbedingt ruhiger: Ich hatte noch nie eine so große Ansammlung grauer Herren gesehen und hatte die Befürchtung, dass auch mein Kunde so eine schlecht gelaunte, stieselige Spaßbremse wäre.

Wie gelernt, wollte ich jetzt eine Unterschrift.

Und dann? Dann lief es wie am Schnürchen. Der Mann war auf Draht. Hochkonzentriert. Schnell. Präzise. Der Abschluss schwebte schon im Raum, ich fackelte nicht lange und packte ihn, legte ihn auf den Tisch. Ihre Unterschrift, bitte. Es war ein Erstauftrag und ich wollte einen sauberen Abschluss machen. Meine Ausbilder hatten mir eingeschärft, dass bei Abschlüssen nichts, aber auch gar nichts ohne Unterschrift ging. Das hat ja auch seinen guten Grund. Also, Herr Kunde, Ihre Unterschrift bitte. – Ich werde mein Leben lang nicht vergessen, was dann passierte.

Der Mann stand auf, musterte mich mit einem scharfen Blick und ... schwieg. Dann streckte er mir seine Hand entgegen und sagte mit tiefer, ernster Stimme: »Ich bin Kaufmann. Mein Wort zählt!«

Ups! Darauf hatte mich niemand vorbereitet. Was sollte ich in so einem Fall denn jetzt bloß machen? Mein Instinkt sagte mir: Wenn du jetzt auf der Unterschrift bestehst, ist der Kunde weg, Auftrag weg, alles umsonst. Ich stand auf, schlug ein und sagte, genauso feierlich: »Auch mein Wort zählt!«

Und was soll ich sagen? Wir haben jahrelang zusammengearbeitet – und es gab nie eine Unterschrift. Es gab nie auch nur das kleinste Problem. Er zahlte immer korrekt und pünktlich, hielt jeden Termin ein und hielt sich an jede noch so kleine Vereinbarung. Ein absoluter Top-Kunde. Nur eben keiner, der gerne mit dem Füller arbeitet. Eine Geschäftsethik, hanseatische Kaufmannstugenden, von denen ein Verkäufer träumt, wenn er nachts sorgenfrei einschläft. Ein Highlight meiner Karriere. Und eben auch typisch deutsch.

Schon wieder: Täusch dich aber nicht, Sportsfreund! Der Alltag sieht anders aus. Im Allgemeinen gilt: Viel zu viele Leute glauben, das Geschäftsleben sei ein Boxring und die Bandagen müssten dementsprechend hart geschnürt werden. Jeder Verkäufer muss jederzeit damit rechnen, dass er es in der Masse nicht mit hanseatischen Kaufleuten zu tun hat, sondern mit dem anderen Extrem: mit Unaufrichtigen, Herumlavierern, Feilschern, Schlechtrednern, Tricksern, Unverbindlichen, Schwätzern, Täuschern, Betrügern.

Ja ja, nicht dauernd, aber es kommt immer wieder vor, du musst damit rechnen. Und dann richtig reagieren. Auch ich treffe immer wieder auf solche Leute. Wie vor Kurzem bei diesem Softwareunternehmer aus einer süddeutschen Großstadt. Der Auftrag war ganz regulär abgeschlossen worden. Einzige Ausnahme: Ich hatte, ganz gegen meine Gepflogenheit, akzeptiert, den beiden Entscheidern bei der Bezahlung entgegenzukommen: Die Hälfte meines Honorars vor dem Coaching, die zweite Hälfte danach. Dummer Fehler!

Je mehr es ums Überleben geht, desto härter die Bandagen.

Die beiden Entscheider sprachen in der Folge mit völlig unterschiedlichen Zungen. Der eine wollte beim Training den Schwerpunkt Akquise, der andere den Schwerpunkt Vertragsabschluss. Die beiden wirkten dann auch im Coaching dementsprechend unstrukturiert und wir gingen nach der ersten Einheit mit einem komischen Gefühl im Bauch auseinander. Irgendwie stimmte die Chemie zwischen uns nicht, und ich konnte einfach nicht orten, woran es gelegen hat. Auch deren Feedback konnte nichts erhellen.

Später, nach meinem routinemäßigen Telefonat zum Nacharbeiten, fanden wir etwas, das wir beim nächsten Termin noch einmal stärker herausarbeiten wollten, um nachzubessern. Die ersten Trainings waren nun seit zwei Monaten vorbei, von der zweiten Hälfte des Honorars war nichts zu sehen. Und sie wollten Nachbesserung. Mein Standpunkt war klar: Nachbesserung gerne – aber zuerst den Vertrag einhalten und bezahlen. Nun kamen noch mehr Einwände: Hier fehle etwas, und hier und dort ...

Als ich hart blieb, streckte die Katze endlich das Köpfchen aus dem Sack: Diese Brüder sind klamm – die Liquidität fehlt. Aber fleißig Trainings buchen! Saubere Bürschchen. Na gut, dachte ich: Reden wir Klartext. Ich bestehe auf meiner Forderung und schlage einen Ratenplan vor. Dann kam ein Brief von deren Anwälten, die mir einen Vergleich vorschlagen: die Hälfte.

Uff. Na, was meinen Sie? Hätte ich dem Vergleich zustimmen sollen? Lieber schnell ein bisserl Kohle, als langfristig vielleicht gar nichts mehr? Nein, Sie haben recht. Auf keinen Fall! Starke Marken haben starke Regeln! Ab sofort ging es mir ums Prinzip. Ich wählte die Nummer meines Lieblingsanwalts.

Gott sei Dank kann ich mir das heute leisten, und das habe ich mir hart erarbeitet: Nicht mehr feilschen. Nicht mehr schachern. Keine halbärschigen Entscheidungen mehr. Solche Gesellen musst du abstoßen wie das Weihwasser den Teufel. Denn wenn du dich mit solchen Typen auf Deals einlässt, dann spielst du auf fremdem Platz.

Gelernt habe ich: Wenn die Chemie schon am Anfang nicht stimmt, dann wird sie am Ende höchstwahrscheinlich erst recht nicht stimmen. Außerdem: Es gibt Kunden, zu denen ich einen guten Draht habe, und andere, bei denen das Gegenteil gilt. Wenn kein Funke überspringt, wenn ich nicht sagen kann: Ich mag die Leute. Dann muss entweder ich selbst zündender werden, um positive Resonanz zu erzeugen, oder mich auf andere Kunden konzentrieren. Starke, eindeutige Entscheidungen sind auf Dauer gesünder und erfolgreicher als nachgeben, nachbessern, nachverhandeln. Gleichzeitig müssen wir alle eins lernen: Es gibt Menschen, die machen mit uns Geschäfte, weil wir so sind wie wir sind. Und andere machen keine Geschäfte mit uns, weil wir so sind wie wir sind. Hart, aber wahr.

Und der Oscar geht an ...

Gut wenn Sie Ihre Grenzen setzen. Aber für einen Verkäufer dürfen solche Hakeleien trotzdem nicht die Regel und das Ziel sein. Sie ermöglichen eine Lernkurve, wenn sie die Ausnahme bleiben. Je mehr und je öfter Sie schlecht über Ihre Kunden denken, desto schlechter und unausstehlicher werden Sie selbst.

Glaub jetzt bloß nicht, du könntest das dann einfach überspielen. Sie sind kein Robert De Niro – die Kunden spüren das. Ihre Schlüsselqualifikation ist, dass Sie jemand sind, bei dem die Kunden gerne kaufen. Und nicht, weil Sie jemanden darstellen, der gerne sympathischer sein will als er ist, weil er unbedingt einen Abschluss braucht.

Auch der unsensibelste, dumpfeste Klotz von Kunde hat Instinkt und Bauchgefühl, registriert unbewusst Ihre Gestik, erfasst Ihre Mimik, die Mikroausdrücke in Ihren Gesichtszügen. Er sieht, ob Ihre Augen stumpf bleiben, ob Sie sich desinteressiert abwenden, ob Sie gezwungen lachen. Er bemerkt, wenn Sie schwerer atmen, fahrig werden, und ihre Stimme mühsam gedehnt oder kurz angebunden klingt.

Denn Sie wissen ja: Das was Sie ausstrahlen, ziehen Sie automatisch an. Wenn Sie ehrlich sind, ziehen Sie ehrliche Kunden an. Jeder bekommt die Kunden, die er verdient.

Der Körper ist der Handschuh der Seele.

Samy Molcho, der große Pantomime und Körpersprache-Guru, sprach immer davon, dass der Körper der Handschuh der Seele sei. Also: Wenn Sie vor dem Kunden stehen und Ihre Seele die Faust ballt, wie soll Ihr Körper ihm dann offen die Hand reichen?

Einmal habe ich in München im Hofbräuhaus gesprochen. Als ich in den Vortragssaal kam, hatte ich sofort ein beklemmendes Gefühl. Alles war drückend dunkel getäfelt. Zwischen mir und dem Publikum war nicht viel mehr Platz als ein Meter. Alles fühlte sich so an, als wäre ich beim Königlich Bayerischen Amtsgericht als Angeklagter vorgeladen. Im Publikum saßen lauter schlecht gelaunte Leute in Blauschwarz gekleidet.

Dunkel, eng, drückend, beklemmend. Und jetzt halt mal einen Vortrag! Auf dem gerade mal meterbreiten Streifen pendelte ich wie ein Löwe im Zoo vor dem Käfiggitter hin und her. Normalerweise gehe ich oft und gern ins Publikum. Diesmal nicht. Durch die Enge waren meine Gesten eingeengt und meine Körpersprache kam mir fast ganz abhanden. Klar, dass mein Vortrag nicht funktioniert hat. Wie kann ein Pianist Klavier spielen, wenn ihm die Hälfte der Finger steif werden? Ich hatte mich anstecken lassen und war schlecht.

Und das Publikum? Hat sich auch anstecken lassen – und zwar von mir. Kein Wunder, dass die Feedbacks lauteten: »... konnte die Leute nicht erreichen«, »... erfindet Rad nicht neu«, »... Motivationsquatsch«. Die Leute mochten mich nicht. Klar, ich mochte mich an diesem Abend selbst nicht. Es ist so: Sie können sympathisch und glaubwürdig nicht spielen, Sie müssen es SEIN! Das geht nur, wenn Sie sich wohlfühlen.

Das ist aber keine willkommene Ausrede für schlechte Leistungen. Sich wohl zu fühlen ist Teil Ihres Jobs! Nicht jeder Kunde ist gleich sympathisch. Ich mag auch nicht jeden meiner Kunden gleich gerne. Aber selbst wenn ich welche weniger nett finde, ist es nicht meine Aufgabe, sie zu sympathischeren, besseren Menschen zu erziehen. Oder so zu tun, als ob sie mir sympathisch wären, obwohl ich finde, dass sie Vollpfosten sind. Meine Aufgabe ist es schlicht, mit Ihnen ein gutes Geschäft zum Abschluss zu bringen. Und dafür schulde ich den Kunden Wertschätzung und Respekt. Selbst wenn es mir in einem Moment gelänge, es zu verbergen, dass ich einen Kunden nicht leiden kann – langfristig würde das niemals gut gehen. Wenn es mir nicht gelingt, die Stärken und die guten Eigenschaften des Kunden zu finden, werde ich zwangsläufig irgendwann den Respekt vor ihm verlieren. Und damit auch ihn, den Kunden.

Sie können es nicht spielen, Sie müssen es sein!

Sobald ich den Respekt verloren habe und trotzdem weitermache, nur um des Abschlusses willen, dann kann ich mich selbst nicht mehr leiden. Ein Verkäufer, der sich selbst nicht leiden kann, ist sich selbst nicht mehr sympathisch. Wer sich selbst nicht sympathisch sein kann, den wird auch der Kunde unsympathisch finden. Ja, Meister, und wenn dein Kunde dich unsympathisch findet, kannst du einpacken.

Ich sag's nochmal zum Mitschreiben: Ich will nicht, dass Sie so tun, als würden Sie den Kunden respektieren. Ich will, dass Sie den Kunden respektieren. Aus tiefster Überzeugung! Wenn Sie ihn nicht respektieren können, sind Sie für ihn der falsche Verkäufer!

Ein Verkäufer kann auf Dauer nur dann ein Top-Verkäufer sein, wenn er zwei Eigenschaften hat und zwei Regeln beachtet.

Die Eigenschaften: Sympathie, Kompetenz.

Die Regeln: Der Kompetente macht das Geschäft, selbst wenn der Inkompetente sympathischer ist. Bei zwei gleich Kompetenten macht das Geschäft der Sympathischere.

Die Regeln stimmen. Das können Sie leicht überprüfen: Von wem lassen Sie sich lieber am Herzen operieren, vom kompetenten aber unsympathischen Chirurgen oder vom sympathischen Dorfdoktor? Wer soll Ihr Flugzeug steuern, die kompetente Pilotin mit den Haaren auf den Zähnen oder der nette junge Co-Pilot mit dem gewinnenden Lächeln, der noch nicht trocken hinter den Ohren ist? Wer soll am Abend das Orchester dirigieren, der geniale Kotzbrocken oder der sympathische ältere Herr mit dem Hörschaden? Und wenn Sie im Elektronikladen einen Fernseher kaufen wollten und zwei Verkäufer kommen auf Sie zugelaufen. Der eine vom Typ Osama Bin Laden, der andere vom Typ Nelson Mandela. Wem gehen Sie entgegen?

Dafür zu sorgen, dass der Kunde Sie mag, ist ganz einfach: Du musst den Kunden mögen. Ist doch auch fair: Was kann der Kunde für die Laune des Verkäufers? Ihre schlechte Laune hat beim Kundentermin nichts zu suchen, basta. Und bevor Sie nun anfangen zu lamentieren über Ihr Recht auf Selbstverwirklichung und das Recht, mal einen schlechten Tag haben zu dürfen, dann sage ich Ihnen, dass das keine Sache des Rechtes ist. Sie sollen ja nicht Ihre Seele verkaufen. Vielmehr ist die gegenseitige Sympathie ein Zeichen von Professionalität. Von Arbeitsethik. Einverstanden?

Schießt der Limbeck jetzt mit Kanonen auf Spatzen?

Pass auf: Stellen Sie sich vor, Ihr Kind wird ins Krankenhaus eingeliefert mit Blinddarmdurchbruch. Notoperation. Der Chirurg sagt Ihnen: »Ich mache beim Zunähen die Stiche größer, schließlich habe ich schon seit einer Viertelstunde Feierabend.«

Am nächsten Tag entzündet sich die Naht und der Chirurg sagt: »Ich hatte gestern einen schlechten Tag. Das war meine elfte OP gestern. Da muss ich Abstriche machen. Schließlich habe ich ein Recht auf einen schlechten Tag.«

Was jetzt? Zu drastisch? Nicht vergleichbar? Der Limbeck schießt mit Kanonen auf Spatzen? Ein Geschäftsabschluss ist schließlich keine Frage von Leben und Tod? – Nein, das ist keine Frage von Leben und Tod. Und trotzdem ist das sehr wohl vergleichbar. Denn ein ethischer Wert ist nicht teilbar, ist nicht relativierbar. Bei der Arbeitsethik ist es so: Entweder einer macht seine Sache gut oder nicht. Alles dazwischen sind nur Verharmlosungen von »nicht gut gemacht«. Dass ein Verkäufer seine Sache gut gemacht hat, sieht er nicht einfach nur daran, dass er ein Geschäft abschließen konnte. Das ist selbstverständlich. Das Ziel ist doch klar: Dass sich der Kunde nach dem Abschluss des Geschäftes besser fühlt als vorher. Und das bekommst du nicht hin, wenn du einen Flunsch ziehst, als ob dein Verein gerade zuhause gegen die Bayern fünf Buden gefangen hat.

Das Mittel gegen Übelkeit

Aber was ist, wenn sich der Verkäufer nach dem Abschluss des Geschäftes schlechter fühlt als vorher? Wenn der Kunde ein echtes Brechmittel ist? Und wenn selbst die Aussicht auf weitere gute Abschlüsse einem das Würgen in die Kehle treibt? Wie viel muss sich ein Verkäufer davon antun? Wie weit kann ich gehen, bis es mich selbst kaputtmacht?

Ein Tipp aus meinem Hause: Gib nicht so schnell auf! Zeigen Sie Sportsgeist. Sehen Sie es als Ansporn. Denken Sie: »Den knack' ich. Das schaffe ich. Meinen Brechreiz kann ich umdrehen. Ich finde schon etwas Positives!«

Aber ich gebe gerne zu: Manchmal lasse ich es. Manchmal suche ich nicht mehr weiter nach dem Blumenbeet in der Wüste. Warum? Für mein Ego. Für mein seelisches Gleichgewicht. Manchmal tut es gut, wenn ich mir sagen kann: »Martin, mein Freund, das hast du wirklich nicht nötig. Das musst du dir jetzt wirklich nicht antun.«

Zum Beispiel dieser Typ aus der Fitnessbranche vor ein paar Jahren: Das Briefing-Gespräch mit ihm war eigentlich noch ganz gut gewesen. Der erste Eindruck von ihm war sogar recht sympathisch. Trotzdem hat das mit uns beiden nicht sehr lange funktioniert.

Kein Wunder, diese Stimmung: Der Chef führte nach Gutsherrenart.

Bevor die ersten Seminare begannen, hatten wir uns zum Abendessen getroffen. Dabei schlug er mir eine Wette vor: »Na, Limbeck, ob Sie mir nach einem Seminartag sagen können, wer von meinen Leuten wohl eine positive Einstellung zu seiner Arbeit hat und wer von denen immer gegen alles ist?«

Ich wettete um eine gute Flasche Wein, dass ich es schon nach der ersten Kaffeepause sagen könnte. Für ihn ging es offensichtlich um einen ersten Kompetenz-Check. Jedenfalls habe ich die Wette gewonnen. Was ich aber auch sofort gemerkt hatte, war, dass die Stimmung in diesem Unternehmen unterirdisch war. Die Situation und die Zusammenstellung der Mitarbeiter waren ohnehin einigermaßen anspruchsvoll gewesen. Denn ein Teil der Mannschaft bestand aus Festangestellten, der andere Teil aus freien Handelsvertretern. Ein anderer Graben durchs Lager verlief entlang der Grenze Bodybuilder – Nicht-Bodybuilder. Aber alle einte dasselbe Gefühl. Sie fühlten sich schlecht behandelt. Der Grund war bald zu identifizieren: Der Chef. Eben jener. Er führte sein Unternehmen nach Gutsherrenart. Und diese erste Wette zum Einstieg hätte mir eine Warnung sein sollen.

Dann kam dieser Tag, an dem ich mit ihm und seinem Vertriebsleiter das weitere Seminarprogramm absprechen wollte. Der Mann sagte dann plötzlich zu mir: »Herr Limbeck, geben Sie es zu: Wenn Sie meine Mitarbeiter sehen, lachen Sie sich doch krumm über die. Für Sie sind das doch nur armselige kleine Würstchen. Sie verdienen mein Geld hier doch im Schlaf.«

Jetzt war ich völlig perplex und schockiert. Wusste gar nicht, wie ich antworten sollte. Und das kommt nicht so oft vor. Ich drückte das Kreuz durch und sagte ihm, dass ich überhaupt nicht in der Lage wäre, so abfällig über meine Seminarteilnehmer zu urteilen. Selbst wenn ich es wollte, auf so etwas käme ich gar nicht.

Er dagegen: »Ach, Limbeck, erzählen Sie mir doch nichts! Sie sitzen diese Seminare doch auf einer Arschbacke ab. Das ist doch für Sie höchstens ein Kindergeburtstag.«

Wie wenig Wertschätzung dieser Mann seinen Mitarbeitern entgegenbrachte! Das war auch vorher schon bemerkbar. Ich hatte ihn nicht davon abbringen können, für die Seminare immer nur die billigsten Expresshotels auszusuchen, bei denen die Trainings manchmal sogar in Kellerräumen stattfinden mussten. Aus Kostengründen tagten wir oft in dem viel zu kleinen, stickigen Meetingraum, wo überall an den Wänden seltsame Kitsch-Kunstwerke hingen: vom Firmenchef höchstpersönlich gemalt und modelliert. Gut, über Geschmack lässt sich streiten.

Mannomann, dieser Typ war schon für mich eine Zumutung.

Noch bevor wir alle Seminareinheiten zu Ende bringen konnten, ging das Geschachere mit ihm los: Ob die verbleibenden Tage wirklich nötig wären ... ob er wirklich den Vertrag einhalten müsse ... ob meine Seminare überhaupt ihr Geld wert seien ... und so weiter, und so weiter. Mannomann, wenn dieser Typ für mich schon eine Zumutung war, wie furchtbar musste es wohl sein, auf Dauer in dieser Firma angestellt zu sein!

Logisch, mein Respekt schmolz dahin und unweigerlich endete unsere Geschäftsbeziehung nicht mit Friede, Freude, Eierkuchen. Am Ende musste ich einräumen, dass ich mit der gewonnenen Wette am Anfang falsch gelegen hatte. Eigentlich hatte ich die gewonnene Wette haushoch verloren, die Mitarbeiter hatten sie gewonnen. Denn all das, was sie Unangenehmes über ihren Chef sagten, entsprach tatsächlich der Wahrheit. Das waren keine Nörgler, sondern Realisten. Und ich war froh, den Schlussstrich gezogen zu haben.

Wir Verkäufer stehen immer wieder mal vor der Entscheidung, einen Auftrag abzulehnen. Also auch Verkäufer müssen lernen, Nein zu sagen. Ein Freund und Kollege berichtete zum Beispiel von einem Treffen mit einem Finanzdienstleister. Der Kunde hatte ein Training bei ihm gebucht und wollte mit dreißig Mann anrücken. Schon das Briefing zur Eröffnung des Seminars war einigermaßen seltsam. Der Kunde kam zu spät, wollte zwar die klassischen Akquisethemen trainiert haben, aber irgendetwas stimmte nicht. Irgendetwas Seltsames war zwischen den Zeilen zu spüren. Etwas, das nicht ausgesprochen wurde.

Schließlich kam es dann doch zutage: Was dieser Kunde vorhatte, war hart an der Grenze der Legalität. Auf jeden Fall aber weit jenseits der Seriosität. Das Produkt, das da verkauft werden sollte, war äußerst dubios. Alle Provisionsversprechungen und die Renditeberechnungen ergaben auf legalem Wege keinen Sinn. Die Methoden, mit denen der Kunde vorgehen wollte, erinnerten mehr an den Modus Operandi einer Drückerkolonne und weniger an ordentliche Akquise.

Mein Kollege fällte eine Gewissensentscheidung und zog noch während des Briefings die Konsequenzen. Er stand auf und ging. Stattdessen hatte er nun einen Tag frei und nutzte die Zeit, um mit seiner kleinen Tochter in den Zoo zu gehen. Wie der Teufel es will. Derselbe Kunde fragte ein paar Monate später auch bei mir an. Und ich merkte es erst gar nicht. Bis ich meinen Kollegen fragte, ob er den Kunden kenne. Gott sei Dank habe ich ihn gefragt! Und hatte erst einen Tag geleistet und berechnet. Ich brach sofort ab. Und auf das Geld, oh Wunder, durfte ich erstmal warten.

Ohne Hausaufgaben kein Unterricht!

Glauben Sie mir, es ist Balsam für die Seele und gut fürs Ego, wenn sich der Verkäufer auch mal besser fühlt, wenn ein Geschäft nicht zustande gekommen ist.

Auch bei mir gibt es diese Situationen: Da war das Seminar, das ich für einen Kopiererhersteller geben sollte. Zuerst begrüßte mich der Geschäftsführer und gab das Wort an seine Marketingleiterin weiter. Die begann mit dem Satz: »Nun Herr Limbeck, bitte stellen Sie sich erstmal ausführlich vor und erklären Sie uns dann, warum wir Sie überhaupt buchen sollen.«

Wie bitte? Ich: »SIE haben MICH gebucht. Wenn Sie nicht wissen, wer ich bin und was ich mache, und wenn Sie nicht wissen, warum Sie mich gebucht haben, dann haben Sie Ihre Hausaufgaben nicht gemacht. Ohne Hausaufgaben kein Unterricht.« Dann stand ich auf und ging. – Okay, das war ein bisschen schroff und ein bisschen schnell. Aber ich habe da einfach auf meine innere Stimme gehört, die laut aufjaulte, sobald die Tante begonnen hatte, den Mund aufzumachen.

Vor ein paar Jahren habe ich ebenfalls einen Auftrag schon nach dem Vorgespräch abgelehnt. Der Chef wollte, dass ich über seine Mitarbeiter schriftliche Profile und Beurteilungen erstellte. Wer einem Verkaufstrainer nach einem viertägigen Seminar mehr über die Beurteilung seiner Mitarbeiter zutraut als sich selbst, ist ein schwacher Chef. Mit dieser Anfrage hatte er mir nur seine Führungsschwäche offenbart. Ich lehnte also den Auftrag ab – mal ganz ungeachtet dessen, dass es keinesfalls meine Aufgabe ist, die Mitarbeiter meiner Kunden zu beurteilen.

Und wenn Sie jetzt denken, dass der Limbeck mit seiner vollen Windel gut stinken kann, dann haben Sie nur zur Hälfte recht. Klar, ich muss es mir erstmal leisten können Aufträge abzulehnen. Aber trotzdem steckt in so einem Verzicht auch Größe. Größe, die du dir erstmal erarbeitet haben musst.

Jäger und Sammler

Nicht jeder gute Verkäufer führt immer jede Polonaise an. Die typischen extrovertierten Verkäufer sind Jäger. Aber es gibt auch die Introvertierten. Die sind eher Sammler. Der Sammler plant seine Arbeit fleißig und akribisch. Er ist gewissenhaft und genau, arbeitet routiniert und ist geduldig und ausdauernd mit seiner Kundschaft.

Die Jäger sind schnell und nutzen ihre blitzschnellen Reflexe. Sie ergreifen intuitiv jede Chance. Es sind die Jäger, die am Bahnhof oder am Flughafen sofort nach der Visitenkarte fragen. Sie langweilen sich schnell in der täglichen Routine und suchen immer nach dem neuen Kick. Limbeck zum Beispiel. In ihrer Freizeit gehen sie Drachenfliegen, machen Freeclimbing oder springen mit einem Fallschirm aus dem Flugzeug. Immer mit der Visitenkarte in der Hand, falls sie unterwegs jemanden treffen.

Der Sammler geht lieber angeln. Limbeck zum Beispiel. Er spielt Scrabble, löst Puzzles oder beschäftigt sich mit Modellbau. Sammler sind immer gute Mannschaftsspieler. Sie haben Gemeinsinn und pflegen gerne und gewissenhaft die Beziehungen zu ihren Kunden. Sie sind gute Key-Accounter.

Jeder sieht schon, auf was ich raus will ... Ein Unternehmen braucht beide Persönlichkeiten, weil es im Idealfall eine Arbeitsteilung zwischen Jägern und Sammlern geben kann: Der Jäger bringt den Key Account nach Hause. Der Sammler pflegt und nährt ihn. Die besten können beides.

Bei jeder geschäftlichen Transaktion entsteht eine Beziehung zwischen Käufer und Verkäufer. Ob Sie es wollen oder nicht. Sogar wenn Sie morgens zum Bäcker gehen und Brötchen kaufen. Verkaufen ohne Beziehung geht nicht. Was unausweichlich ist, ist keine Last, sondern vielmehr die Chance zur Gestaltung dieser Beziehung. Wie persönlich und eng das wird, hängt von Ihnen ab.

Klare Vorgaben sind unverzichtbar.

Nehmen wir mal als Beispiel einen Fußballtrainer. Der muss seiner Mannschaft auch erst sein Konzept verkaufen, damit die Spieler tatsächlich genügend Tore schießen, hinten dicht halten und summa summarum Spiele gewinnen. Wenn das alles funktioniert, haben alle gewonnen – Trainer und Mannschaft. Und die Fans. Gut, und wie soll das gehen ohne Beziehung? Gar nicht. Dabei muss es nicht immer eine enge Beziehung sein.

Felix Magath zum Beispiel, der gegenwärtig erfolgreichste deutsche Vereinstrainer, setzt auf wohlwollende Distanz. Er sagt über seinen Stil als Trainer, dass er gar nicht der väterliche Freund der Spieler sein wolle. Er hält Abstand, in dem er seine Spieler duzt, während die Spieler ihn siezen. »Ich versuche ihnen so emotionslos wie möglich zu begegnen«, sagte er im Interview in der *Wirtschaftswoche*. Und: »Exzellenz kann ich aus meinen Spielern nur rauskitzeln, wenn ich auch mal unangenehm sein kann. Ich glaube nicht, dass jemand freiwillig Höchstleistungen abliefert – da kann es auf dem Platz oder in der Kabine schon mal laut werden. Ich bin derjenige, der vorgibt, wohin die Mannschaft marschieren soll. Da gibt es auch kein Mitspracherecht. Um eine Truppe von 20, 30 Leuten aus 16 verschiedenen Nationen zusammenzuhalten, kann ich nicht auf alle eingehen.

Da sind klare Vorgaben unverzichtbar – und deren Einhaltung. Nur so gibt es Erfolg. Und der schweißt zusammen.«

Mir gefällt, was der Magath sagt. Denn wenn Sie ein zu freundschaftliches Verhältnis mit den Kunden pflegen, wird es schwieriger professionell zu bleiben. Für Verkäufer heißt professionell zu bleiben nämlich, auch auf Stornofristen und Preisen und Zahlungszielen zu bestehen. Genau das gilt immer für die Beziehung zwischen Geschäftspartnern: Professionelle Distanz. Klare Ansagen. Respekt.

Der Punkt ist: Distanz hin oder her. Professionalität hin oder her – wir alle brauchen Anerkennung. Auch der arrogante Gutsherr will geliebt werden. Dieses Streben nach Liebe und Anerkennung ist bei uns Menschen so stark, dass wir alles dafür tun. Je weniger ein Mensch davon bekommt, desto mehr braucht er, desto mehr strebt er danach. Je niedriger das Selbstwertgefühl eines Menschen, desto mehr Anerkennung sucht er von außen.

Auch der Kunde funktioniert so. Mit den professionellen Streicheleinheiten verhält es sich allerdings genau wie mit der vorgespielten Sympathie: Der Kunde merkt es, wenn sie nicht echt sind. Wenn sie nicht authentisch sind. Und vor allem, wenn sie nicht verhältnismäßig sind. Sie verleihen dem Taxifahrer ja auch nicht das Bundesverdienstkreuz, nur weil er nüchtern am Steuer saß und keinen Unfall gebaut hat.

Früher haben alle Trainer sehr stark auf diese Anerkennung des Kunden hin trainiert. Heute liegt der Schwerpunkt weniger in der Masse und der Technik, als vielmehr in der Stimmigkeit der Anerkennung. Schleimen war früher. Heute sind Differenzierung und spezifisches Abwägen wichtiger. Die richtigen Worte zur richtigen Zeit. Ich sage: Dezente Anerkennung. Ehrlich gemeint. Wenn es nämlich aufgesetzt kommt, dann sehe ich schon den Kunden vor mir, der dich mitleidig angrinst: »Na? Das haben Sie wohl im Verkaufstraining gelernt ...«

Geistesblitz: Psychologie für neue Hardseller

Ich stand vor dem Assistenten der Geschäftsführung und der Leiterin der Personalentwicklung. Angebotspräsentation. Ich wollte diesem Elektronikunternehmen das Trainingsprogramm für ihre Verkäufer verkaufen. Nach meinem Empfinden war es gut gelaufen. Wie immer wollte ich am Ende wissen, wo ich stand. Und ich musste irgendwas über den Chef rausfinden und an ihn rankommen. Der größte Schwachpunkt meines Auftritts war nämlich, dass der Chef nicht da war. Ich fragte zuerst seinen Assistenten: »Mal angenommen, Sie treffen gleich den Chef auf dem Gang. Was werden Sie ihm Negatives, und was werden Sie ihm spontan Positives über unseren Termin sagen?«

Der Assistent gab zurück, dass ihm meine Professionalität gefallen habe, er sich aber nicht sicher sei, ob meine Art des dominanten Auftretens nicht eine Spur zu aggressiv für seine Leute wäre. Okay, das kannte ich schon. Ich sagte ihm, dass es kein Thema sei, alles etwas weicher zu gestalten. Ich präsentierte nur deshalb so kräftig, weil ich damit zeigen wollte, dass ich das kann. »Schauen Sie, ich präsentiere mich immer in Radiolautstärke zehn. Denn wenn ich in fünf präsentiert hätte, und Sie wollten zehn, dann würden Sie mir jetzt nicht glauben, dass ich auch zehn kann. Runterdrehen geht immer.« Damit hatte ich einen Lacher und seine Sympathie.

Jetzt stellte ich der Personalentwicklerin dieselbe Frage. Sie: »Das sage ich Ihnen nicht.«

Ich schaute sie weiter an, lächelte, nickte leicht, ich wusste, sie würde weiterreden, wenn ich mit dem Scheinwerfer auf ihr drauf blieb. Und tatsächlich: »Herr Limbeck, ich weiß, dass Sie auch NLP gelernt haben, aber schauen Sie, ich mag dieses Manipulationszeug nicht. Außerdem werden noch drei andere Trainer vorsprechen.«

Na gut, dachte ich. Die wird sich schon einkriegen. Wichtig ist erstmal der heiße Draht zum Chef. Deswegen blieb ich noch immer an seinem Assistenten dran. Als er mich zum Parkplatz brachte, rief er bewundernd: »Ist das Ihr Wagen, Herr Limbeck? Na endlich mal ein Trainer mit einem vernünftigen Auto. Der letzte Trainer war hier mit einem verrosteten Golf vorgefahren und hatte gesagt, weil sein Auto in Reparatur sei, fährt er den Wagen seiner Freundin.« Ich antwortete mit einem Augenzwinkern: »Warum behandelt der seine Freundin so schlecht, dass er sie nur einen alten Golf fahren lässt?« Wieder hatte ich einen Lacher. Und den guten Draht zum Assistenten des Chefs. Guter Tag.

Limbeck, wieso machst du den gleichen Fehler nochmal?

Beim nächsten Termin war wieder die Personalentwicklerin dabei und diesmal, yes!, auch der Chef. Ich war noch einen Tick besser drauf als beim letzten Mal, und am Ende stellte ich wieder die Frage, wo ich denn im Rennen um den Auftrag stünde. Der Chef antwortete ähnlich wie damals der Assistent. Ich hatte meinen Gegenzug auf Lager.

Jetzt machte ich einen klaren Fehler. Ich fragte wieder die Personalentwicklerin, und zwar – das Gleiche. Ihre Antwort: »Herr Limbeck, ich hatte Ihnen schon beim letzten Mal gesagt, dass ich Ihnen das nicht sagen werde.«

Das hätte mir nicht passieren dürfen. Jetzt hatte ich die Front zwischen mir und ihr verhärtet. Aber damit nicht genug! Keine Ahnung, warum ich das machte, aber ich setzte sehenden Auges noch einen drauf. Vielleicht weil die Frau mich irgendwie nervte. Ich sagte: »Wenn Sie mir partout kein Feedback geben wollen, dann ist das nicht gerade die beste Vertrauensbasis für eine Zusammenarbeit.«

Knapp eine Woche später hatte ich ihre höflich und freundlich formulierte Absage im Briefkasten. Unterschrieben von ihr, der Personalentwicklerin.

Na, was macht da der junge Hardseller Limbeck? Sich anderen, lohnenderen Dingen zuwenden? Nein, zu stur um sich dreinzufügen, macht er einen dritten und endgültigen Fehler – bei ein und derselben Person. Weil Angriff die beste Verteidigung ist und ich ja ohnehin schon eine Absage habe – nicht gekauft hat er schon! – schreibe ich direkt an den Chef und schlage vor, zwei Gratis-Pilottrainings zu machen und die Mitarbeiter entscheiden zu lassen, bei welchem Trainer sie sich am besten aufgehoben fühlen.

Sie war nun wirklich sauer – und das völlig zu Recht!

Wieder erhielt ich einen Brief. Und wieder nicht vom Chef, sondern wieder von der Personalentwicklerin! Diesmal war sie wirklich sauer und kanzelte mich ab, mit welch takt- und respektloser Art und Weise ich in diesem Unternehmen aufträte. Die Firma wünsche ab sofort und für alle Zeiten keinerlei Kontakt mehr zu mir und meinen Unternehmungen.

Tür zu, Kunde für immer verbranntes Terrain. Na, sauber! Und das Schlimmste: Sie hatte vollkommen recht. Sie war zu Recht sauer! Wissen Sie warum? Haben Sie es gemerkt?

Ich Esel habe es nicht gemerkt! Erst jetzt, als ich den zweiten Brandbrief von ihr erhalten hatte. Genau: Der Mensch, der die Entscheidungen über die Trainings in dieser Firma fällt, war sie – die Personalentwicklerin. Nicht der Assistent des Chefs, nicht der Personalchef, nicht der Firmenchef – sondern sie. Sie war der Entscheider!

Und ich Stück Holz hatte das nicht wahrgenommen. Ich hatte sie ignoriert. Hatte nicht beachtet, dass sie schon von Anfang an Misstrauen geäußert hatte. Hatte sie nicht abgeholt. Sondern stehen lassen, wo sie stand. Hatte Ihren Widerstand nicht entkräften können, weil ich ihr nicht genug Wertschätzung entgegengebracht hatte. Mit dem Kopf durch die Wand wollte ich. Und hatte überhaupt nicht bemerkt, welches denn die richtige Wand war!

Ich könnte auch sagen: Mir hatte das Mit-Gefühl gefehlt. Da war zu wenig Psychologie drin!

Mit statt gegen

Das Allensbach Institut für Demoskopie hat bereits vor vielen Jahren die Motive ermittelt, warum jemand etwas kauft. Und diese Regeln gelten noch heute. Also. Menschen kaufen ein Produkt: Weil es das eigene Prestige hebt. Oder weil es die Wirtschaftlichkeit steigert. Oder weil es der eigenen Bequemlichkeit entgegenkommt. Oder weil es dem neuesten Stand der Technik entspricht. Oder weil es den sozialen Bedürfnissen entgegenkommt. Oder weil es der Umwelt und Gesundheit dient. Oder weil es das Bedürfnis nach Sicherheit befriedigt.

Sieben gute Gründe. Für die überwältigende Mehrheit aller Kunden ist nicht nur eines dieser Motive wichtig – es sind mehrere, ja manchmal sogar sind alle relevant. Aber am Ende werden es meistens nur ein oder zwei der Motive sein, die die Oberhand gewinnen und dann tatsächlich für oder gegen den Kauf entscheiden.

Beispiel: Ein Mann Mitte dreißig kommt auf den Hof eines Autohändlers und bleibt vor einem Minivan stehen. Wenn der Verkäufer will, kann er schon jetzt sehen: Der Mann ist höchstwahrscheinlich kein Student, der einen günstigen Kleinwagen braucht. Er ist auch kein Bauunternehmer, der ein prestigeträchtiges Cabrio für die Wochenenden auf dem Golfplatz sucht. Er ist mit großer Wahrscheinlichkeit Familienvater und interessiert sich für diese Art von Auto, weil er seine Kinder und seine Familie möglichst sicher, bequem und effektiv zum Einkaufen, zur Schule und zum Turnier am Wochenende, zu Oma und Opa oder in den Urlaub befördern will.

Nichtsdestotrotz: Der typische Durchschnittsverkäufer wird sich wie immer auf die technischen Neuerungen gegenüber dem Vorgängermodell, den starken Motor, das Drehmoment und den Neidfaktor in der Garageneinfahrt konzentrieren – und er wird ziemlich sicher an diesem Tag kein Auto an diesen Kunden verkaufen.

Der Top-Verkäufer hat die wichtigsten Kaufmotive im Kopf und kann schonmal vorsortieren. Er weiß jetzt schon, dass vermutlich die Motive Wirtschaftlichkeit, Bequemlichkeit und Sicherheit entscheidend für den Abschluss sein werden. Prestige und Technik eher nicht. Der Verkäufer wird zwischen der Zahl der Airbags, der Variabilität der Sitze, dem Stauraum, dem sicheren Ein- und Aussteigen der Kinder und dem Verbrauchswert des Motors herausfinden müssen, was dem Kunden von alldem am wichtigsten ist. Dafür hat er seine Fragen parat. Und, ja, genau: Er fragt erstmal. Anstatt den Kunden totzuquatschen. Er setzt also bei den Motiven an. Und da verkauft er auch.

Der Limbeck, der ist auch Psychologe.

Ein guter Verkäufer ist wie eine Hebamme. Manchmal kommt das Kind wie von alleine, es rutscht einem geradezu in die Arme. Manchmal ist es schwieriger, der Geburtshelfer muss Zange oder Saugglocke einsetzen. Manchmal dauert es eine gefühlte Ewigkeit lang, ohne jeden sichtbaren Fortschritt über eine lange Zeit. Vielleicht kommt das Kind sogar per Kaiserschnitt zur Welt. Doch egal wie leicht oder wie mühsam, wie schnell oder wie langwierig: Am Ende sollen alle Beteiligten glücklich sein, dass es auf der Welt ist.

Die Hebamme braucht kein Medizinstudium, aber sie braucht spezifische Kenntnisse der menschlichen Anatomie, insbesondere des unteren Teils des weiblichen Rumpfs. Sie als Verkäufer brauchen kein Psychologiestudium. Aber spezifische Kenntnisse in ganz bestimmten Teilgebieten der menschlichen Psyche benötigen Sie unbedingt. Und dazu gehört, dass Sie wissen müssen, warum Ihr Kunde kauft.

Es gibt alle möglichen psychologischen Konzepte und Blickwinkel, die die Geschäfte zwischen Menschen analysieren: Neurolinguistische Programmierung, Transaktionsanalyse, Biostrukturanalyse, Aufstellungen ... alles Mögliche wird dafür herangezogen. Neuropsychologen lehren uns, dass für Kaufentscheidungen vor allem das limbische System entscheidend ist. Dieses entwicklungsgeschichtlich relativ alte Hirnareal liegt zwischen dem Hirnstamm (altes System) und der Hirnrinde (neues System). Dort werden auch die Endorphine ausgeschüttet, die Hormone, die unter anderem mithelfen, den Schmerz zu regeln und Euphorie und Glücksgefühle auszulösen. Im limbischen System sind Emotion, Intuition und Triebverhalten verankert, auch wenn deren Entstehung sich nicht dort alleine lokalisieren lässt, denn auch andere Teile des Zentralnervensystems sind daran beteiligt. Aber vieles deutet darauf hin, dass Entscheidungen wie zum Beispiel Kaufentscheidungen zuerst im limbischen System ausgelöst werden, und die rationalen Erklärungsmuster im Großhirn erst danach entstehen, wenn die »Bauchentscheidung« im Reptilienhirn schon längst gefallen ist.

Der kluge Verkäufer weiß also: Wenn ein Kunde mit seinem Verstand und seinem Gefühl abwägt, ob und wem er etwas abkaufen soll, dann siegt in Wahrheit immer das Gefühl, auch wenn der Verstand anschließend wunderbare Erklärungen liefert. Das bedeutet aber auch, dass es für den Kunden je nach Motivlage meistens eine große Rolle spielt, ob der Verkäufer unsympathisch ist – oder sympathisch. Der aus dem Griechischen stammende Begriff »Sympathie« bedeutet wörtlich übersetzt: Mit-Fühlen. Der Top-Verkäufer schafft eine gemeinsame gefühlsmäßige Basis mit dem Kunden. Er ist im ursprünglichsten Sinn des Wortes »mitfühlend.« Er fühlt so wie der Kunde. Einverstanden?

NLP, Neurobiologie, Familienaufstellung. Alles erstmal Theorie – und die Praxis?

Er weiß aber auch, dass sein ganzes angelesenes Wissen über NLP, Transaktionsanalyse, Familienaufstellung und Neurobiologie viel zu theoretisch und komplex ist für die aktuelle Verkaufssituation. Wer vor dem Kunden steht und darüber nachzudenken beginnt, arbeitet viel zu sehr mit dem Verstand und verschwendet wertvolle Ressourcen, statt sie fürs Mit-Fühlen, fürs Beobachten, fürs Abholen und Durchs-Ziel-Gehen mit dem Kunden zu verwenden.

Sehen, hören, fühlen

Meine wichtigsten Verkaufsinstrumente sind meine Neugier und meine Menschenkenntnis. Wenn ich in Topform bin, erfasse ich ziemlich schnell, in welchem emotionalen Zustand mein Kunde ist. Zuerst lasse ich auf mich wirken, wie er auftritt, was und wie er etwas sagt, wie er sich bewegt. In den ersten Sekunden und Minuten des Verkaufsgesprächs habe ich alle Antennen ausgefahren und auf Empfang geschaltet. Dann folgt mein Gefühl seinem Gefühl. Ich fühle mit.

Psychologen verwenden dieselben Motivationsmuster, wie die Demoskopen in Allensbach: Soziale Anerkennung, Sicherheit und Geborgenheit, Vertrauen, Selbstachtung, Unabhängigkeit und Verantwortung. Wenn ich also beim Kunden heraushören – oder besser: herausfühlen kann, dass ihm soziale Anerkennung am wichtigsten ist, dann könnte ich sagen: »Sie werden einer der Ersten sein, die den Porsche Panamera Turbo bekommen. Sie sind ›First Mover‹ und ich kann Ihnen sagen: Das ist schon ein tolles Gefühl, wenn alle Menschen vor Ihrem Auto stehen bleiben, machen wir uns nichts vor.«

Wenn ich bei einem Kunden spüre, dass ihm seine Unabhängigkeit am wichtigsten ist, könnte ich sagen: »Mit dieser Reiseroute machen Sie sich vollkommen unabhängig von den ausgetrampelten Touristenpfaden.«

Wer Geborgenheitstyp ist, der hört gerne, dass er sich in bester Gesellschaft befindet: »Die fünf umsatzstärksten Unternehmen in Ihrer Branche nutzen dieselbe Software wie Sie …«

Skeptiker entspanne ich, indem ich sie in meine Unterlagen schauen lasse.

Kunden mit Schwergewicht auf Selbstachtung in ihrer Persönlichkeit neigen dazu, alles auf die Apothekerwaage zu legen, sie sind rechthaberisch und wollen alles genau belegt haben. Ihnen sind Zahlen, Tabellen, Fakten und Kontrolle wichtig. Solche Menschen sind meistens skeptisch. Skepsis ist aber eine Form des Widerstands, skeptische Menschen sind nicht offen in ihrer Grundhaltung. Sie müssen erstmal entspannt werden. Mein Weg, um sie zu entspannen, ist zum Beispiel, sie in meine Unterlagen schauen zu lassen, während ich ihnen etwas präsentiere. Sie teilhaben zu lassen an dem, was sie eigentlich skeptisch macht.

Aber Kunden haben nicht einfach nur unterschiedliche Motive und Bedürfnisse. Jeder Kunde nimmt seine Umwelt anders wahr. Jeder einzelne Sinn in der Wahrnehmung des Menschen ist bei jedem Individuum anders ausgeprägt und gewichtet.

Ein visueller Typ empfängt und verarbeitet Sätze mit vielen Verben und Adjektiven des Sehens besser und nachhaltiger: »Wenn Sie SEHEN, wie ANSCHAULICH die Software den Mitarbeitern selbst ZEIGT, wie sie sie verwenden ...«

Der haptische Typ empfängt leichter Sätze wie: »Es wird Sie BEEINDRUCKEN, wie einfach diese Computer zu BEDIENEN sind und wie schnell die EINGABEN an diesem System zu machen sind, weil das TASTENFELD so ERGONOMISCH gestaltet ist und jede TASTE einen angenehmen DRUCK-Punkt hat ...«

Auditive Menschen sprechen leichter auf Sätze an wie: »HÖREN Sie mal, wie der Zwölfzylinder im Leerlauf BLUBBERT und was für ein furchteinflößendes BRÜLLEN der ausstößt, wenn Sie aufs Gaspedal treten. Schon allein das satte GERÄUSCH, das die Tür macht, wenn sie geschlossen wird ...«

Also, völlig klar: Ein Verkäufer, der gut unterwegs ist, nutzt allerhand Strategien, um eine möglichst gute Verbindung zum Käufer aufzubauen, die Sie allesamt auch psychologisch erklären können. Manche nutzen die Psychologie unbewusst – wenn Sie das ganz bewusst machen, werden Sie besser. Aber üben Sie lieber intensiv mit vielen hundert Kunden, erstmal mit ein oder zwei psychologischen Grundmustern bestens klarzukommen, als stümperhaft Freuds Fußstapfen zu zertrampeln.

Wie gesagt: Letztlich muss das Ihre Menschenkenntnis hergeben. Wir reden hier ja von der praktischen Anwendung, nicht von theoretischem Wissen. Wenn der Kunde Ihnen ansieht, wie sie im Geiste das Psychologiebuch durchblättern, können Sie gleich das Kapitel »Widerstände« aufschlagen – Sie werden immer verkrampft wirken. Wenn Ihre Konversation voller Psychoquatsch ist, werden Sie garantiert nicht für einen guten Verkäufer gehalten. Damit machen Sie keine Abschlüsse! Es ist viel wichtiger und viel nutzbringender, an Ihrer Menschenkenntnis zu arbeiten, als herausfinden zu wollen, wie es mit der des Kunden bestellt ist.

Ich kann es nicht oft genug wiederholen: Gerade am Anfang, in den ersten Augenblicken beim Kunden sollten alle Ihre Sinne offen wie Scheunentore sein. Achten Sie auf die Kleinigkeiten: Hat der Kunde blank geputzte Schuhe? Legt er Wert auf ein gepflegtes Äußeres? Trägt er eine Uhr? Eine einfache oder teure; eine auffällige oder eine altmodische? Sind ihm Statussymbole wichtig? Manschettenknöpfe? Haarschnitt? Fester, dominanter Händedruck? Oder unentschlossen schwammiger Händedruck? Wie hört sich seine Stimme an, die Tonalität, die Sprachmelodie? Ist die Stimme kräftig, laut oder leise? Spricht er ruhig oder schnell? Wie spricht er seinen eigenen Namen aus? Mit all dem sagt der Kunde etwas über sich und zwar weit über den Inhalt seiner gesprochenen oder geschriebenen Worte hinaus.

Wenn Sie ein Top-Verkäufer sind, registrieren Sie das alles in Bruchteilen von Sekunden und verarbeiten es ebenso schnell und intuitiv. Das ist der Analyseteil der Menschenkenntnis. Die Ergebnisse können Sie weiterverarbeiten und nutzen. Wofür? Fürs Mit-Fühlen: Je genauer die Beobachtung, desto sicherer die Interpretation. Je sicherer die Interpretation, desto besser die Menschenkenntnis. Je besser die Menschenkenntnis, desto besser die Verbindung zum Kunden. Je besser die Verbindung zum Kunden, desto sympathischer der Verkäufer. Je sympathischer der Verkäufer, desto besser der Abschluss.

Er kam herein, mit der energischen Körpersprache eines Julius Caesar.

Im Seminarraum bei einem mittelständischen Unternehmen saß ich einmal mit den Führungskräften zusammen. Die Stimmung war erwartungsvoll und angespannt: »Wir warten noch auf den Chef«, sagte einer.

Aha, alles klar: Hier geht offenbar nichts ohne ihn. Die Tür des Seminarraums öffnete sich. Noch bevor jemand zu sehen war, nahmen die Leute Haltung ein und strafften sich noch einen Tick mehr. Als Schüler wären sie jetzt aufgesprungen, um den Lehrer mit einstimmigem Chor zu begrüßen. Herein kam ein selbstbewusst ausschreitender, jovialer Mann mit der energischen Körpersprache eines Julius Caesar, der gerade seine Legionen inspiziert. Er sah mich an und sagte: »Aha! Sie sind also die Verkaufskanone, die meinen Leuten das richtige Verkaufen beibringen soll. Verstehen Sie denn eigentlich überhaupt etwas von unserem Metier hier? Haben Sie sich denn den Betrieb überhaupt schon richtig angesehen?«

Das war eine Steilvorlage. Ich sagte: »Das ist eine großartige Idee. Damit beginnen wir am besten erstmal.«

Selbstverständlich ließ er es sich nicht nehmen, mir seinen Betrieb persönlich zu zeigen. Ich habe den Mann also genau an der richtigen Stelle abgeholt in seinem dominanten Auftreten und seinem Stolz. Er hat von mir die verdiente Wertschätzung bekommen für das, was er als Lebenswerk auf die grüne Wiese gestellt hat. So ein Mann führt gerne, und er führt gerne vor. Also ließ ich mich von ihm führen. Während der Runde durch seinen Betrieb habe ich ihm den Respekt gegeben, der ihm guttat: »Ist ja schon sehr beeindruckend, was Sie da aufgebaut haben!« – Und das meinte ich so wie ich es sagte!

Der Limbeck in der Schublade

Bei einer großen Investmentbank hatte ich es mit der Personalentwicklerin zu tun. Gerade hatte sie mit den 32 Top-Verkäufern ihres Unternehmens zu Mittag gegessen. Sie wollte erfahren, wie das Seminar gelaufen war, zu dem sie alle geschickt hatte. Mein Seminar.

Alle hatten das Seminar großartig gefunden. Aber am Ende zögerte sie und wurde unsicher in der Stimme: »Meine Leute meinten, irgendwie hätten Sie einen Sprung in der Schüssel. Kann ich Sie mal was fragen, Herr Limbeck?«

Klar konnte sie, ich war neugierig.

»Steht im Seminarzentrum wirklich ein Riesenschild mit Ihrem Konterfei drauf und Ihrem Logo? Das Schild an der Tür zum Seminarraum, auf dem stand ›Hier trainieren die Mitarbeiter der Firma XY für ihren weiteren Erfolg‹, das fand ich ja ganz nett. Aber tragen Sie wirklich Manschettenknöpfe mit Limbeck-Logo? Fahren Sie wirklich einen 911er Porsche mit Türleisten, auf denen Ihr Logo eingefräst ist?«

Tja, stimmt alles. Ich sagte ihr, sie sollte ihren Mitarbeitern erzählen, der Limbeck hätte eine schwere Kindheit gehabt. Deshalb sein selbstbewusstes Auftreten. Deshalb die Schilder, die Manschettenknöpfe, der Porsche, und die Türleisten.

Sie lachte.

»Naja, wenn es den Leuten hilft, mich in eine Schublade zu stecken, soll mir das recht sein: Hauptsache, sie beschriften die Schublade mit meinem Namen – und merken sich, dass ich gut war in ihrem Seminar.«

Und natürlich stecke ich ja auch in einer Schublade: Der Selfmademan, dem nie etwas geschenkt wurde. Der sich alles selbst erarbeitet hat. Der um keine Antwort verlegen ist. Der forsche Hardseller. Der immer auf der Überholspur unterwegs ist, der es liebt, perfekte Anzüge zu tragen, perfekte Autos zu fahren. Ja klar kann der doch wohl Porsche fahren – und er kann seinen Porsche auch schnell fahren. Oder langsam, um den Wind in den Haaren zu spüren. Aber derselbe Limbeck, liebe Freunde, sitzt auch im dieselbetriebenen Familien-Van, weil er sich gerne mal entspannt unterhalten will. Und dann freut er sich diebisch, wenn er auf dem Weg von München nach Hamburg nur ein einziges Mal tanken muss. Derselbe Limbeck sitzt in seiner Freizeit stundenlang am Angelteich und hält die Klappe, legt später ein Steak auf den Grill, wenn es mit dem Fisch nicht geklappt hat, und freut sich über ein kaltes Bier im Sonnenuntergang. – Die Schublade ist nur eine Schublade.

Aber ja: Der Limbeck bei der Arbeit ist perfekt gekleidet. Kommt mit den Manschettenknöpfen an den Ärmeln und hat seine eigenen Aufsteller, Arbeitsmappen, usw. Warum? Weil Limbeck seine Marke verkörpert. Weil diese Marke einen Repräsentanten hat: den Martin Limbeck. Weil diese Marke ein Logo hat.

Kein Mensch findet es seltsam, wenn Schuhe ein Logo haben.

Kein Mensch findet es besonders seltsam, wenn auf allen Nike-Schuhen auch das Nike-Logo prangt. Jeder dritte Harley-Fahrer hat auch ein Harley-Tattoo unter der Lederjacke. Und Limbeck hat eben Manschettenknöpfe mit Logo. Es bedeutet nur, dass ich meine Marke lebe und hundertprozentig dafür einstehe. Ich bin stolz darauf, weil ich sie mir in den letzten 20 Jahren erarbeitet habe.

Ob der Kunde will oder nicht, eine Marke, die funktioniert und die eindeutig zu identifizieren ist, wirkt immer auch unterschwellig. Es gibt keine rein rationalen Entscheidungen. Auch alle rationalen Entscheidungen sind getrieben vom Unbewussten und damit vom Emotionalen. Für einen guten Verkäufer ist es deshalb so wichtig zu wissen, wofür er steht, um eine faire emotionale Bindung zum Kunden aufzubauen. Er muss versiert auf der emotionalen Klaviatur spielen, um für beide Seiten den optimalen Abschluss herbeizuführen. Er kennt auf der einen Seite die praktischen Argumentationsketten, die Formulierungsweise und das Einmaleins der Einwandbehandlung, klar. Aber er spürt auf der anderen Seite außerdem genau, wann er dominant und wann er zurückhaltend sein muss. Übrigens sollte er in 90 Prozent der Fälle einen Tick dominanter sein, das nur so am Rande.

Wenn Sie eine gute Kontrolle über die Schublade haben, in der Sie aus Sicht des Kunden klar und eindeutig stecken, wenn Sie also eine Marke sind, die mit positiven Werten aufgeladen ist, dann stellt sich die gegenseitige Sympathie viel schneller ein, und das vervielfacht Ihre Chancen.

Schublade, Klaviatur der Gefühle, Manipulation, Psychologie – in Wahrheit gibt es nur zwei Möglichkeiten. Entweder der Kunde denkt sich nach dem Geschäft: »Vielleicht hätte ich doch noch jemand anderen fragen sollen.« – Dann war der Verkäufer psychologisch nicht gut genug.

Oder der Kunde denkt sich: »Das lief ja prima. Auf den Typ kann ich mich verlassen, auch wenn er beim Preis nicht runtergehen wollte.« Dann hat es gepasst.

Eins im Blick: Die Kunst des Fokussierens

Jetzt konzentrier dich mal! Worauf genau konzentriert sich ein hervorragender Verkäufer? Na? Auf den Umsatz? Auf seine Provision? Auf sein gewandtes, sympathisches Auftreten? Auf den Kunden? Auf das Produkt? – Hm, alles nicht ganz falsch. Ganz richtig aber auch nicht.

Der neue Hardseller konzentriert sich beim Verkaufen aufs ... Verkaufen. – Ojojoj, der Limbeck! ... Heißt nicht auch der Untertitel seines ersten Buches so? Verkaufen heißt verkaufen? Richtig. Ja, ich weiß, das klingt wie eine Binsenweisheit. Aber denken Sie mal nach: Damit ist gemeint, dass Sie sich als Verkäufer fokussieren sollen, und zwar auf den eigentlichen Kern Ihrer Tätigkeit. Bezahlt wird nämlich kein Verkäufer für das Besuchen von Kunden, für das Führen von Akquisegesprächen, für das Autofahren, für Einwandbehandlung, für ein gutes Auftreten und ein stimmiges Outfit, für gute Rhetorik oder für das Führen von Reklamationsgesprächen. Das sind alles Voraussetzungen, Randbedingungen, aber nicht die Lösung der Gleichung. Das ist alles Rüstzeug, aber nicht die Gipfelbesteigung selbst. Das ist alles null Euro wert, wenn der Kern der Sache fehlt.

Wenn im Mittelpunkt Ihres Denkens das Verkaufen steht, dann haben sie schon vorher viele Bedingungen erfüllt. Sie haben beispielsweise vorher schon darüber nachgedacht, was Sie so alles an Informationen brauchen. Sie haben ein gewandtes, sympathisches Auftreten trainiert, Sie kennen die typischen Einwände und haben zu jedem Einwand mehrere Antwortvarianten parat, Sie kennen Ihr Produkt und so weiter und so weiter. Um es klar zu sagen: All die Techniken des Verkaufens sind absolut notwendig. Ein guter Skifahrer würde sich niemals mit veralteter, billiger, abgenutzter Ausrüstung in den Skilift stellen. Die besten Rennfahrer sitzen auch in den besten Autos. Und ein top geführter Fußballverein bietet ein Top-Umfeld, vom Trainingszentrum über das Stadion bis zum Trainerstab. Also: Dass Sie alles drauf haben, was ein Verkäufer können muss, ist pure Professionalität. Aber die super Skistiefel fahren nicht von alleine schwarze Pisten, ein starker Motor fährt nicht alleine aufs Siegertreppchen, der Trainerstab schießt keine Tore. Und Ihr Unternehmen hat mit Ihrer perfekten Einwandbehandlung noch keinen einzigen Euro verdient.

Am Ende kommt es immer darauf an, was hinten rauskommt. Im Sport: Medaillen, Pokale, die entscheidenden Tore, die großen Titel. Deshalb ist ein Franz Beckenbauer ein Weltstar, ein Michael Ballack nicht. Deshalb ist Michael Schumacher der beste Rennfahrer aller Zeiten, während über Dirk Nowitzki kaum geredet wird, obwohl der seit Jahren einer der besten Basketballer der Welt ist – nur verliert er mit seinem Team immer die entscheidenden Spiele. Am Ende zählt nicht die Tätigkeit, am Ende zählen Ergebnisse. Und wenn Verkaufen Verkaufen ist und nicht Schaulaufen beim Kunden, dann kann es für Sie von Anfang an nur einen Fokus geben!

Was wirklich zählt

Gut, jetzt reden wir mal Tacheles. Wenn Sie ein echter Verkäufer sind, dann wollen Sie davon leben können. Gut leben können! Jeder, der sich ernsthaft für einen Vertriebsjob auf Provisionsbasis entschieden hat, will gutes Geld verdienen. Im Vertrieb ist immer Geld im Topf. Machen wir uns nichts vor! Es geht einem Verkäufer nicht in erster Linie um Titel, Ämter, Macht – also um vordergründiges Prestige und Applaus. Ein Vollblutverkäufer will nicht Präsident werden. Er strebt auch nicht danach, Papst oder Primaballerina, Weltmeister oder Oscar-Preisträger zu werden. Er will die Nummer eins in seinem Revier werden. Nicht Vorsitzender der Prinzengarde.

Schau, dies ist ein Buch über die innere Einstellung des Top-Verkäufers. Dazu gehört natürlich unter anderem auch die richtige Einstellung zum Thema Geld. Und da will ich Ihnen jetzt wirklich was Wichtiges beibiegen: Für mich ist Geld eine wunderbare Sache, Geld ist mir wirklich sympathisch. Ich kann mir nicht vorstellen, dass einer in einen Verkaufsjob geht, wenn er glaubt, dass Geld etwas Schmutziges ist, für das man sich schämen und das man besser verstecken sollte. Geld ist ein Tauschmittel, und mit viel davon kann ich viel tauschen. Und wenn meine Firma viel davon hat, kann meine Firma viel tauschen. Und wenn mein Kunde viel davon hat, kann er viel tauschen. Das kann nur gut sein und niemals schlecht.

ABER! In Großbuchstaben! Aber wenn im Fokus des Verkäufers das Geld steht, das eigentliche, höchste Ziel des Verkäufers also die Provision ist, dann ist der Verkäufer auf dem falschen Dampfer. Und wird nie Top-Verkäufer werden, so wahr ich hier schreibe.

Als ich in meinem ersten richtigen Vertriebsjob Kopierer verkaufte, da haben die alten Hasen immer gesagt: »Mensch Limbeck, mach' bloß nicht den Anfängerfehler, den alle machen. Hol nicht nach dem Termin deinen Taschenrechner raus, um deine Provision auszurechnen!«

Ich bin losgegangen, hab meinen ersten Kopierer verkauft und was habe ich als Erstes gemacht? Natürlich den Taschenrechner rausgeholt. Ich konnte es kaum erwarten nachzusehen, wie viel ich verdient hatte. Aber je mehr ich im Laufe der Jahre kapiert habe, um was es eigentlich geht, desto weniger hat mich das interessiert. Ja, ich weiß, mit vollen Windeln ist gut stinken und Sie haben ja vollkommen recht, wenn Sie sagen, dass ich es mir heute leisten kann, so zu reden. Aber das ist nur ein Vorwand, kein Einwand. Über die Jahre hinweg wird jeder Verkäufer, der erfolgreich ist, entspannter mit seinen Prozenten. Wer seinen Job gut, richtig gut macht, der bemisst seinen Erfolg nicht nach den Stellen vor dem Komma auf der Verdienstabrechnung. Was für Michael Schumacher zählt: 7 Weltmeistertitel. 91 Siege, 154 Podestplätze und 68 Pole Positions bei 268 Starts, 5.108 Runden in Führung, 1.441 WM-Punkte. Aber vor allem: 7 Weltmeistertitel! Und nicht die 600 Milli-

Der Top-Verkäufer, konzentriert sich nicht auf die Höhe seiner Provision.

onen Euro, die er verdient hat. Ich bin zutiefst davon überzeugt: Wäre er primär fürs Geld gefahren, hätte er WEDER die Titel NOCH die Millionen eingefahren.

Noch einmal: Ein Top-Verkäufer konzentriert sich nicht auf die Provision – und das, obwohl sein Lebensunterhalt von dieser Provision abhängt. Der Top-Verkäufer hat diesen Widerspruch verinnerlicht, er lebt ihn. Es ist beinahe wie Zen-Buddhismus: Höre das Klatschen EINER Hand – Verkaufe, ohne ans Geld zu denken.

Denn sonst kannst du leicht auf die schiefe Bahn geraten. Noch eine Geschichte dazu vom Anfang meiner Laufbahn. Damals war ich zwar fleißig und tüchtig. Und eine meiner Stärken, die mich von anderen Verkäufern unterschied, war, dass ich überhaupt keine Angst vor der Kaltakquise hatte. Trotzdem habe ich damals nicht auf Augenhöhe akquiriert. Ich war viel devoter dem Kunden gegenüber. Das ganze Selbstbewusstsein, mit dem ich auftrat, war nur äußerlich. Antrainiert. Es kam nicht aus der Mitte meines Wesens. Ich hatte damals sogar eine Höllenpanik vor dem Telefonieren.

Ja, ehrlich: Am Telefon macht mir heute keiner was vor. Aber anfangs hatte ich ernsthafte Hemmungen, mit Kunden zu telefonieren. Als neunzehnjähriger Außendienstler hatte ich so richtig die Hosen voll, einen Auftrag zu verlieren. In diesem Alter dachte ich noch, es ginge beim Job hauptsächlich ums Geld. Bei meinem ersten Vorstellungsgespräch hatte der Personalchef mir zwei geschwärzte Abrechnungen gezeigt. Die von seinem besten Außendienstler und die vom schlechtesten. Du kannst dir sicher vorstellen, wie ich mich gefühlt habe, als ich sah, dass sogar der schlechteste Verkäufer in dem Laden fast das Dreifache von dem auf der Gehaltsliste hatte, was ich nach der Lehre als Berufsanfänger verdiente.

Das fokussiert einen schnell mal aufs Geld. Und zwar so sehr, dass ich das einzige Mal in meinem Leben ein zweifelhaftes Geschäft abschloss. Einer der dortigen alten Hasen sollte mich beim Verkauf mehrerer Kopierer für eine Anwaltskanzlei unterstützen. Er hatte mir eingeredet, dass es sowohl üblich als auch in Ordnung sei, sogenannte generalüberholte Kopierer mit stark übertrieben dargestellter Laufleistung zu verkaufen. Ich hätte damals auf mein Bauchgefühl und auf meine katholische Erziehung hören sollen. Aber wer widerspricht schon bei seinem ersten Einsatz dem Nestor unter den Kopiererverkäufern?

Letztendlich kam, was kommen musste. Die Kopierer, die angeblich auf eine Nutzungsdauer von fünf Jahren ausgelegt waren, flogen den Kunden schon im zweiten Jahr um die Ohren. Während der ganzen Zeit hatte ich mich schlecht dabei gefühlt und dachte bei jedem Service-Besuch dort: »Hoffentlich halten die Dinger.«

Und dann der Super-GAU: Ware kaputt. Verkäufer beim Schummeln erwischt. Auftrag verloren. Kunde weg.

Damals habe ich mir geschworen, künftig auf mein Bauchgefühl zu hören und niemals, niemals wieder einen Kunden über den Tisch zu ziehen. Einer muss nicht katholisch sein, um sich dabei schlecht zu fühlen. Es ist in jeder Kultur dasselbe: Eine Lüge ist eine Lüge ist eine Lüge. Basta.

Verkäufer beim Schummeln erwischt. Auftrag weg. Kunde weg.

Es ist wie es ist – was kommt als Nächstes? Schließen Sie Vergangenes ab, auch wenn Sie glauben, früher sei alles besser gewesen, die Kunden loyaler, das Gras grüner und die Eiscreme süßer. Die Vergangenheit ist dazu da, um aus ihr zu lernen. Nicht um in ihr zu leben. Die Vergangenheit ist wie eine Straßenlaterne in der Nacht: Sie beleuchtet den Weg nach Hause. Aber nur Betrunkene müssen sich daran festhalten.

Vertrag auf den Tisch!

Fokus heißt auch: Jeder Verkäufer muss so verkaufen, dass seine Stärken zum Tragen kommen. Es gibt nicht nur die eine Art, ein guter Verkäufer zu sein. Und vor allem: Es ist nicht nur die limbecksche Art des Verkaufens. Das muss ich wohl ab und zu betonen. Wenn Sie von mir und von diesem Buch wirklich profitieren wollen, dann lassen Sie sich erst auf meine Gedanken ein, um sich dann aber Ihren eigenen Reim darauf zu machen. Ich will Sie ja nur ins Nachdenken kriegen, nicht zu blinder Gefolgschaft überreden.

Also, Stärken. Da gibt es zwei Grundtypen, sage ich immer: die Jäger und die Sammler. Wer die größte Befriedigung in der Neukundenakquise findet, ist ein »Jäger«. Dem »Sammler« ist die Neukundenakquise eher eine Last oder eine lästige Pflicht. Dafür liegt seine Stärke darin, die Beziehung zum Kunden auszubauen und dafür Sorge zu tragen, dass der Kunde glücklich und zufrieden ist und immer wieder kauft. Wer glücklich und zufrieden ist, bleibt länger ein Kunde, einverstanden? Es gibt da auch noch die Spezies der »Terminleger«, sie können einen Kontakt nach dem anderen machen. Ohne sich zu erschöpfen oder im Engagement nachzulassen. Für alle Sorten Verkäufer gibt es die passenden Jobs: Außendienst, Neukundengeschäft, Key-Accounter, Innendienst, Sie kennen sich ja aus ...

Wenn am Ende alles stimmt – was dann? Wenn ich als Verkäufer weiß, wo meine Stärken und Talente sind. Wenn ich den dazu passenden Job habe. Wenn ich weiß, wie ich mich angemessen zu kleiden habe. Wenn ich mich klar und verständlich ausdrücken kann. Wenn ich aufrichtig und ehrlich bin. Wenn ich über mich selbst und den Kunden Bescheid weiß. Wenn ich auch bei schwierigen Kundenpersönlichkeiten genügend Pluspunkte gesammelt habe, um selbst diese mühsamen Kandidaten zu mögen. Wenn ich ermittelt habe und weiß, was der Kunde hat, was er will und was er braucht.

Wenn ich das alles erfasst, verstanden und beherzigt habe. Was ist dann mein Ziel?

Eine möglichst gute Beratung? – Blödsinn!

Das Produkt möglichst genau zu erklären? – Doppelter Blödsinn!!

Den Kunden möglichst gut zu erklären, was er mit dem Produkt anstellen kann? – Blödsinn mit drei Ausrufezeichen!!!

Nein, im Fadenkreuz steht von Anfang an nur eines:

ABSCHLUSS!

Ich sag dir, was du machst, mein Freund: Sie machen jetzt den Abschluss. Sofort. Ohne eine Ehrenrunde zu drehen. Jetzt ist der Zeitpunkt, den Sack zuzumachen. Nicht später. Jetzt. Das ist das Ziel, das ist Ihre Aufgabe. Das ist der Sinn Ihres Handelns. Mit dem Abschluss verdient Ihr Unternehmen Geld, und damit wird Ihr Gehalt bezahlt. Das Geld ist der Erfolg, also die Folge, also sekundär. Primär ist der Abschluss.

Das war Ihre Marschrichtung und zwar von der ersten Sekunde an: Diese erste Sekunde war schon angebrochen, als Sie sich den Kunden ausgesucht haben. Dann haben Sie recherchiert und sich Stunden vor dem Verkaufsgespräch motiviert. Und nun ist der Augenblick für den Abschluss da. Verpassen Sie ihn nicht! Verkauft haben Sie erst, wenn Sie den Abschluss gemacht haben.

Ich konnte das früher nicht glauben. Habe es als Märchen, Anekdoten, Seemannsgarn oder wenigstens für nutelladick aufgetragene Übertreibungen gehalten. Da wurden immer wieder diese Geschichten erzählt, wie ein Verkäufer den Vertragsabschluss verpennt hatte. Versteh mich richtig: Es geht nicht um einen Verkäufer, dessen Wecker nicht geklingelt hat und der zu spät zu einem Termin kommt. Es geht auch nicht um einen Verkäufer, der ein Produkt verkauft, das schon seit Jahren zu Recht keiner mehr braucht. Nein, es geht um einen Verkäufer, der mitten im Verkaufsgespräch nicht mitbekommt, dass der Kunde jetzt etwas kaufen will.

Doch, das gibt es. Und zwar nicht selten. Ich sehe das mit meinen eigenen Augen und höre das mit meinen eigenen Ohren immer wieder.

Ich erinnere mich noch an so eine Geschichte, das war in den ersten Jahren der Mobilfunkbranche. Es war auch die Zeit, in der es in diesem Geschäftsfeld praktisch noch keine Sammler unter den Mobilfunkverkäufern gab, weil die alle Jäger waren. Es ging darum, möglichst schnell möglichst viele Aufträge zu schreiben, um die Märkte zu besetzen. So schnell und atemlos wie die Vertragsabschlüsse, so hoch konnten auch die Provisionen für die Verkäufer sein. Ich machte also Trainingseinheiten im Seminarraum mit Mobilfunkkundenjägern. In der anderen Hälfte der Zeit wollte mein Auftraggeber das Training im echten Verkaufsgespräch, also draußen im Feld bei echten Kunden mit echten Abschlüssen. Die Koordinatoren stellten mich bei den Kunden als Kollegen des Verkäufers vor, und ich beobachtete genau, was der einzelne Verkäufer besser machen konnte.

Wir saßen also im Büro einer skandinavischen Reederei und ich wurde langsam nervös. Der Kunde hatte bereits zehn Mobilfunkverträge zugesagt und rätselte gerade, welches Handymodell er für seine Abteilung aussuchen sollte. Mein Verkäufer allerdings machte keine Anstalten auf eine Vertragsunterschrift zuzusteuern. Stattdessen pries er zum dritten Mal die Vorzüge der neuen Mobilfunkfrequenzbänder. Dann die angenehme Farbe der Tasten auf dem Handy, für das sich der Kunde entschieden hatte. Dann wieder erklärte er, wie viele Telefonnummern der Kunde in dem Gerät speichern könne.

Ich konnte es nicht fassen: Dieser Kunde wollte zehn Verträge. Er wusste, welches Handy er wollte und mein »Kollege« bot dem Kunden gerade an, ihm zu erklären, wie er eine SMS schreiben könnte. Ich wurde immer unruhiger und überlegte, dem Verkäufer unter dem Tisch ein kräftiges Tackling mit der Schuhspitze in sein Schienbein zu geben.

Es wurde noch schlimmer. Denn der Kunde stellte die ultimative Frage: »Und was muss ich jetzt tun?«

Mein Verkäufer merkte immer noch nichts. Er hatte immer noch nicht die Verträge auf dem Tisch. Der Kunde war überreif, bettelte förmlich um die Unterschrift und der Schnarchsack neben mir guckte mich fragend an, als der Kunde zum zweiten Mal fragte: »Und was nun?«

Das war die Höchststrafe. Mir blieb nichts anderes übrig als einzugreifen und zu sagen: »Na, dann holen wir jetzt mal die Verträge raus …«

Ist das zu glauben? Aber auch jetzt könnten Sie noch denken, es hätte sich hier um einen Einzelfall gehandelt. Einen Fall, den wir Trainer abends am Stammtisch als drollige Anekdote weiterreichen. Aber nein, weit gefehlt: Danach sind mir in schöner Regelmäßigkeit solche Verkäufertypen über den Weg gelaufen. Nach zwanzig Jahren bin ich heute überzeugt davon, dass mehr Geschäfte verpennt werden, als erfolgreich zum Abschluss kommen. Es gibt keinen falschen Zeitpunkt, einen Abschluss zu machen. Der richtige Zeitpunkt ist immer der derselbe Zeitpunkt. Dieser Zeitpunkt heißt: IMMER. Legen Sie lieber gleich alles auf den Tisch, also deutlich bevor Sie Ihre Chance verpasst haben.

Heute bin ich überzeugt: Es werden mehr Abschlüsse verpennt als abgeschlossen.

Ich weiß, was Sie nun einwenden wollen: Es gibt immer Situationen, wo das einfach nicht klappt. Ich sage Ihnen: Diese Situationen gibt es nicht.

Eine andere Geschichte: Wieder bin ich unterwegs und trainiere diesmal einen Festnetz-Kundenberater während eines realen Kundentermins. Vor uns sitzt der Chef einer Hamburger Werbeagentur. Ein Riesenkerl. Einer der Menschen, die einen Raum sofort dominieren, sobald sie ihn betreten haben. Gleich am Anfang des Gesprächs zeigt er, wer der Herr im Haus ist. Dann kommt er zur Sache und zeigt uns zwei Telefonrechnungen. Seine private und die seiner Firma. Er vermutet, dass seit Monaten die Abrechnungen fehlerhaft sind. Sein privater Haushalt mit ihm, seiner Frau und seiner Tochter hat regelmäßig eine genauso hohe Telefonrechnung wie seine Firma mit zwanzig Angestellten. Das kann nicht sein. Der Fehler muss bei uns liegen. Er ist sauer!

Wir sind also mitten in einem saftigen Reklamationsgespräch. Selbstverständlich haben wir zur Vorbereitung die Rechnungen geprüft. Sie sind allesamt korrekt. Es gibt keine technischen Fehler, keine Unklarheiten. Alles ist tatsächlich vertelefoniert worden.

Meine Fragekette gleicht eher einem Eiertanz.

Bei einer solchen Angelegenheit bewegen Sie sich auf einem Terrain, das so solide ist wie treibende Baumstämme auf einem Fluss. Denn unter all den Szenarien, die sich zur Erklärung immenser Telefonrechnungen heranziehen lassen, sind einige besonders delikat. Ehebruch, Sex-Hotlines, Spielsucht ... Meine Fragekette zur Ortung des Problems gleicht also am ehesten einem Eiertanz.

Aber wir finden den Übeltäter, uff, und es ist gar nicht so dramatisch: Seine Tochter hat einen Freund, der drei Monate zuvor zum Studium nach München gezogen ist. Weil wir den Nachweis der Einzelverbindungen mitgebracht haben, können wir beweisen, dass fast jeden Abend nach 19.30 Uhr jemand stundenlang von seinem Festnetzanschluss immer dieselbe Handynummer anruft. Bingo!

Ein mittelmäßiger Verkäufer hätte jetzt erleichtert aufgeatmet und sich verabschiedet: Prima Reklamationsmanagement – die Kuh ist endlich vom Eis – Feierabend.

Aber halt! Nicht so schnell. Ich hatte doch vorhin gesagt, dass der richtige Zeitpunkt für den Abschluss IMMER ist. Also jetzt. In einem Reklamationsgespräch? Genau. Auch in einem Reklamationsgespräch. Denn nicht gekauft hat er schon.

In einem Nebensatz hat der Kunde ganz am Anfang des Gesprächs von einem neuen Handy gesprochen. Da muss ich nachhaken. Fokus: Abschluss. Denn jetzt, seitdem er eine plausible Erklärung für die hohen Telefonrechnungen hat, ist die Stimmung gelöster. Nach zehn Minuten haben wir dem Mann ein neues Handy verkauft.

Als er dann um einen Prospekt für Handys bittet, weil sich seine Frau nicht für ein neues Modell entscheiden kann, ist das eine erneute Steilvorlage. Fokus: Abschluss. »Wie wäre es, wenn Sie Ihre Frau mit einer richtig guten Handy-Entscheidung überraschen?«

Weitere zehn Minuten später haben wir ein zweites Handy verkauft. Ein guter Verkäufer hätte sich gefreut, dass er ein Reklamationsgespräch in einen Verkaufsabschluss hatte umbiegen können, wäre aufgestanden und zufrieden nach Hause gegangen.

Ich bleibe sitzen. Denn, nicht gekauft hat er schon.

Was hat er nicht gekauft? Wissen Sie es? – Genau! Die Tochter! Sie braucht noch ein Handy! Statt vom Festnetz aus für viel Geld eine Handynummer anzurufen, wäre es deutlich billiger, wenn die Tochter ihren Freund innerhalb des eigenen Handynetzes anriefe. Fokus: Abschluss. Weitere zehn Minuten später ist das dritte Handy verkauft und dazu noch ein neuer Handyvertrag abgeschlossen.

Jedes Gespräch ist ein Verkaufsgespräch. Die Tatsache, dass Ihr Gesprächspartner sich die Zeit nimmt, um mit Ihnen, einem Verkäufer, zu reden, bedeutet: Es ist genau die richtige Zeit für einen Abschluss. Vertrag auf den Tisch! Es gibt keine Situation, in der das prinzipiell nicht klappt, solange Sie Ihren Fokus haben.

Dranbleiben!

Es gibt noch einen weiteren Blickwinkel in Sachen »fokussiert verkaufen«. Dieser Fokus liegt nicht auf dem Tag und der Stunde des Verkaufsgesprächs, sondern findet im Langzeitgedächtnis statt: Sie dürfen niemals einen Kunden aufgeben, weil sie ihn noch nicht bekommen haben.

Sie können sich getrost anderen Kunden zuwenden, wenn Sie aus anderen Gründen beschlossen haben, dass er nicht Ihr Kunde ist, zum Beispiel wenn Sie merken, dass Ihr Gewissen sich meldet und Ihnen klar wird, dass Ihr Kunde schmutzige Geschäfte macht. Aber nur weil der Kunde noch nicht Ja gesagt hat, haben Sie keinen Grund und dürfen niemals aufhören, ihn zu jagen. Der Kunde, mit dem bisher noch kein Abschluss zustande gekommen ist, der Kunde der schon Nein gesagt hat, und auch der Kunde, von dem Sie zweimal, fünfmal, hundertmal eine Absage bekommen haben, der muss in Ihrem Gedächtnis bleiben. Für immer – so wie June Carter in Johnny Cashs Gedächtnis geblieben ist – bis sie endlich Ja gesagt hat.

Das geht, glauben Sie mir. Ich bin nun seit gut 18 Jahren selbstständig, volljährig sozusagen als Selbstständiger, und zwar just in dem Moment, in dem dieses Buch erscheint. Ganz am Anfang meiner Laufbahn war ich Partner im »Institut für Wirtschaftspädagogik.« Wie auch in anderen Branchen üblich, wurden gerne die Neulinge losgeschickt, damit sie sich schon zu Beginn an den härtesten Brocken die Zähne ausbissen. Für die Firma war das eine Strategie, bei der sie nur gewinnen konnte: Entweder ich kam ohne Abschluss nach Hause, dann war die Firma so weit wie zuvor und ich hatte währenddessen immerhin etwas gelernt. Oder ich kam wider Erwarten mit dem Auftrag zurück, dann hatte ich sowohl etwas gelernt als auch etwas für die Firma verdient.

Wer Telefonmarketing beibringen will, sollte selbst telefonieren können.

»Also Limbeck, dann versuchen Sie mal ihr Glück bei den Kopiererleuten. Sie haben doch vorher selbst Kopierer verkauft. Bisher sind wir bei denen immer abgeblitzt – vielleicht schaffen Sie es ja.«

Ich saß also in meinem ersten Kundengespräch bei einem der führenden Kopiererhersteller. Und der Niederlassungsleiter sagt zum Einstieg: »Herr Limbeck – Ihr Haus hat bei uns keinen guten Eindruck hinterlassen. Jemand von Ihren Leuten wollte uns damals ein Telefonakquise-Training verkaufen. Also wenn Ihre Trainings so nachlässig und unprofessionell sind wie der Mensch, der mit uns telefoniert hat, dann sehen wir keinen Grund, mit Ihnen ins Geschäft zu kommen. Wer anderen Telefonmarketing beibringen will, der sollte es wenigstens selber können.«

Treffer, versenkt.

Okay, dann kam es wohl jetzt noch auf einen eleganten Abgang an und eine gute Taktik, diesen Fehlschlag dem Chef gut zu verkaufen. Hier war wohl offensichtlich verbrannte Erde.

Na, noch nicht ganz. Unter der Asche regte sich das Leben. Nach einer Schweigeminute für die versiebten Chancen der Vergangenheit holte ich Luft ... und blieb dran. Dass der Mann trotzdem mit mir weiterverhandelt hatte, lag nur daran, dass er mich aus meiner Zeit in der Kopiererbranche kannte. Das war mein Trumpf. Der Plan, damit einen Einstieg zu finden, schien trotz aller Widrigkeiten aufzugehen.

Doch das war ein klarer Fall von zu früh gefreut – auch nach drei weiteren Terminen kam das Geschäft nicht zustande. Aus Budgetgründen diesmal. Mein Gesprächspartner von damals wechselte dann nach beinahe zehn Jahren zu einem anderen Hersteller. Aber zumindest war der Draht zu ihm so gut geworden, dass wir weiterhin in Kontakt blieben. Über die Jahre waren meine regelmäßigen Anrufe in seiner Firma schon eine Art Running Gag: »Ach, der Limbeck ist wieder dran – na, Sie wollen uns doch sicher wieder was verkaufen, haha.«

Es hat dann noch bis 2005 gedauert. Ich hatte ihm damals mein Buch *Das Neue Hardselling* geschickt. Nun war er es, der anrief: »Limbeck, Ihr Buch gefällt mir ausnehmend gut. Wir sollten mal wieder zusammen Abendessen.«

Gesagt – getan. Als ich ins Restaurant kam, saß er schon mit einem Aperitif am Tisch. Mein erster Satz war: »Ich habe heute nur eine einzige Bedingung. Weil ich mich nicht bei meinen Kollegen lächerlich machen will, weil ich schon wieder mit Ihnen zusammensitze und Sie sowieso nie etwas kaufen, will ich, dass Sie heute das Abendessen bezahlen.«

Natürlich hat er daraufhin gelacht. Und Sie wissen ja schon, was jetzt kommt: An diesem Abend habe ich den Abschluss gemacht.

Dieser Kunde war mein ganz besonderer Tiger in meinem Dschungel. Und ich war der Großwildjäger. Ich habe immer gewusst, dass ich ihn eines Tages zur Strecke bringen werde. Vielleicht nicht heute. Vielleicht nicht in einem Monat oder in einem Jahr. Aber irgendwann ist der Moment da, und dann bin ich bereit.

Träum süß!

Natürlich ist die Metapher martialisch. Ich bin absolut dagegen, seltene Großkatzen zu schießen. Und ich betrachte meine Kunden auch nicht als Jagdwild und meine Verkaufstechniken nicht als Waffen. Aber auf eine ganz bestimmte Art erklärt das Bild gut die Haltung eines Top-Verkäufers. Zum Beispiel auch in dieser Hinsicht: Jeder Großwildjäger vor hundert Jahren träumte davon, in Afrika die »großen Fünf« vor die Flinte zu bekommen: Elefant, Nashorn, Büffel, Löwe und Leopard. Gute Verkäufer denken auch so. Sie machen sich eine »Dreamlist«: Eine Liste von Kunden also, die so groß, wichtig und unwahrscheinlich zu akquirieren sind, dass sie eigentlich nur von ihnen träumen können.

Gute Verkäufer machen sich eine Dreamlist.

In welcher Branche Sie auch immer gerade arbeiten. Sobald Sie eine solche Dreamlist erstellt haben, haben Sie Ihren Kompass geeicht. Denn Sie können damit festlegen, in welche Richtung Sie beruflich marschieren wollen. Stapeln Sie nicht zu tief. Ihr Ziel könnten zum Beispiel die fünf wichtigsten und wertvollsten Marken der Welt sein. Derzeit sind das etwa: Google, Apple, IBM, Microsoft und Coca-Cola. Oder Sie nehmen sich die sieben größten Banken vor. Oder die Stadtverwaltungen der drei größten europäischen Städte – je nachdem eben, in welcher Branche Sie sind.

Träumen Sie und glauben Sie daran, dass Sie einmal solch einen Wal anlanden. Und dann noch einen. Denn der Glaube versetzt Berge, sagt die Bibel, und das glaube auch ich.

Ich habe einmal davon geträumt, alle MDAX-Unternehmen auf der Kundenliste zu haben, genau wie mein Kollege Reinhard Sprenger. Und hätten Sie mich damals gefragt, was ich davon hielte, einmal, sagen wir, Ebay zu trainieren – ich hätte sicher geantwortet: »Du träumst wohl, mein Freund.« Dabei war insgeheim ich es, der davon geträumt hatte. Nur zehn Jahre lang. Heute bin ich da.

Die Überzeugung eines Top-Verkäufers ist immer der Satz: »ICH WILL.« Der Satz des mittelmäßigen Verkäufers lautet: »Mal sehen, wie es läuft.« Der Satz des schlechten Verkäufers lautet: »Hoffentlich geht das gut.« Der Satz eines Verkäufers, der schleunigst den Beruf wechseln sollte, weil er nämlich sonst verhungern wird, lautet: »Das wird sowieso nichts.«

Bei einem meiner offenen Seminare hatten wir neulich, wie immer am Ende, die Feedback-Bögen ausgegeben. Wie fanden Sie das Seminar? Was hat Ihnen am besten gefallen? Und so weiter. Vor mir lagen also 99 Bögen mit durchgehend guten Noten. Nur ein Teilnehmer fand das Seminar »zufriedenstellend.« Was ihm aber gut gefallen hatte, waren »die Pausen« und »Limbecks Anzug und die Schleichwerbung für Edelmann Tailor« und ein »:-)« folgte am Ende. Ein exotischer Vogel ... Weil ich Verkäufer bin, rief ich ihn am nächsten Tag an. Weil ich Verkäufer bin, wollte ich herausbekommen, wie ich aus einem »zufriedenstellend« ein »ausgezeichnet« machen kann. Und weil ich Verkäufer bin, sind wir nun im Geschäft.

Einmal ohne alles, bitte!

Überlegen Sie jetzt, wann der Zeitpunkt erreicht ist, an dem Sie dem Kunden auf die Nerven fallen? Ab dem dritten Anruf? Pro Monat? Pro Woche? Pro Tag?

Angst dem Kunden auf die Nerven zu fallen – was ist das denn? Wenn Sie dem Kunden auf die Nerven gehen, dann wird er es Ihnen auch klar sagen. Er wird sagen: »Herr Limbeck, Sie rufen mich nun schon zum dritten Mal an. Das nervt. Geben Sie endlich Ruhe!«

Der Limbeck wird dann sagen: »Herr Kunde, Sie haben mir gerade ein großes Kompliment gemacht. Denn mit demselben hartnäckigen Einsatz, mit dem ich versuche, Sie zu akquirieren, mit diesem Einsatz werde ich da sein, wenn Sie mich brauchen, sobald wir im Geschäft sind.«

Ich verliere viel lieber einen Kunden, weil ich zu hartnäckig war, als zehn Kunden, weil ich nicht hartnäckig genug war. Eigentlich ist es sogar so: Ich kann durch Hartnäckigkeit eigentlich überhaupt keinen Kunden verlieren. Wenn ich ihn nicht kriege, habe ich den Kunden genauso wenig wie zuvor. Ich kann nicht verlieren. Es gibt keinen einzigen Grund nicht dranzubleiben. Es ist kein Grund, wenn Sie glauben, dass Ihr Produkt nur das Zweitbeste ist. Es ist kein Grund, dass die anderen Verkäufer das bessere Akquisegebiet haben. Es ist kein Grund, dass Ihr Firmenwagen nicht repräsentativ genug ist. Es ist kein Grund, dass der Wettbewerb zu stark ist.

All diese Gründe sind nur deshalb für Sie relevant, weil Sie sich auf das Falsche konzentrieren. Sie verschwenden viel zu viel emotionale und intellektuelle Energie damit, darüber zu räsonieren, was nicht geht. Was fehlt. Was schief läuft. – Statt nach Lösungen zu suchen, wie es doch noch klappen könnte.

Verwenden Sie Ihre Energie in Zukunft auf das, was klappen könnte.

Ändern Sie ihren Blickwinkel. Achten Sie nicht auf das Wasser, wenn Sie vor Anker gehen wollen, sondern auf die Inseln. Fokussieren Sie nicht die Hürden. Konzentrieren Sie sich auf das Rennen. Und vor allem: Lassen Sie los, was Sie belastet. Lassen Sie alles los, was nicht Ihr Kernthema ist, was ihre Kernkompetenzen verstellt. Ich weiß aus eigener Erfahrung, dass loslassen nicht leicht, aber absolut notwendig ist. Als Trainer fing ich auch mit einem Bauchladen voller Angebote an. Ich gab Technik-Trainings zur Kundenorientierung. Sachbearbeiterseminare für Einkäufer. Telefon-Training für Sekretariate, Konfliktmanagement für den Innendienst, Rhetorikseminare für Produktmanager. Dass ich nicht noch Flirtkurse für Anfänger oder Schleudertraining für Golf-Fahrer gegeben habe, war reine Nachlässigkeit.

War mein Kalender voll? Ja. War das erfolgreich? Irgendwie ja. Hätte ich erfolgreicher sein können? Ganz sicher sogar. Andere waren es auch. Sehr viel erfolgreicher. Was aber machten die anders?

Den Fokus setzten die anders. Sie alle hatten eine klare Positionierung: Bodo Schäfer ist der Money Coach. Lothar Seiwert der Zeitmanagement-Papst. Vera Birkenbihl steht für gehirngerechtes Lernen. Erich-Norbert Detroy ist der Preisguru, Klaus Fink der Telefon- und Empfehlungstrainer, Edgar Geffroy der Clienting-Spezialist.

Heute bin ich Martin Limbeck.

Nun, heute ist mein Bauchladen weg. Und wer bin ich jetzt? Ich bin nicht einfach nur irgendein Trainer, sondern jetzt bin ich Martin Limbeck, der neue Hardseller. Und damit top positioniert. Klarer Fokus: Verkaufen. Und zwar, weil ich das so will *und* weil ich es kann.

Kimme und Korn: Was wollen Sie eigentlich?

Eine aktive Vollreferenz ist wie ein Schuss in den Winkel. Wie alle Neune. Wie Bestzeit in beiden Läufen. Wie Start-und-Ziel-Sieg ohne Reifenwechsel. Eine aktive Vollreferenz findet im Olymp der Empfehlungen bei Vollmond statt. Das ist, wenn einer ungefragt voller Hochachtung über jemanden spricht und ihn uneingeschränkt weiterempfiehlt. Ungefragt!

Die Frau, die zusammen mit mir am Eingang des Seminarraums stand, hatte heute alleine schon vier Schüsse in den Winkel meines Tores geknallt. Ihre Mitarbeiter nämlich, die ich am Morgen im Training hatte, sprachen viermal, ohne dass ich überhaupt in diese Richtung gefragt hätte, von ihr wie von einer Heiligen. Sie war die absolute Grande Dame des Unternehmens, eine supertolle Frau, die das Bundesverdienstkreuz für ihr Werk erhalten hatte, die immer noch selbst ihre Top-Kunden besucht, die auch mit klar über 50 noch lernbereit wie eine Grundschülerin ist, die Unternehmerin mit Leib und Seele ist.

Das sind Vorbilder! Von solchen Leuten kann jeder etwas lernen. An diesem Tag war ich es, der etwas von ihr lernte. Wir standen also da, mitten am Trainingstag, und ich merkte, sie will etwas von mir. Sie sagte: »Herr Limbeck, bitte tun Sie mir einen Gefallen.«

Sie hatte in dem Moment bereits meine Einwilligung, denn ich würde sowieso machen, was sie sich wünschte, egal was.

»Bitte sprechen Sie nachher auch nebenbei mal die Kleidung meiner Vertriebsleute an«, fuhr sie fort. »Sie machen das immer so toll.«

Sie sagte nicht: »Ich kann das selbst nicht so gut sagen.« Nein, sie sagte: »Sie machen das immer so toll.« – Sie meinte natürlich, dass sie nicht wollte, dass ihre Leute billig gefärbt, wüst gepierct, grell geschminkt, knallig tätowiert und in Klamotten wie in Musikvideos zum Kunden gehen sollten. Wer ihr Unternehmen repräsentiert, der soll auch mit Stil und Würde auftreten. Und wer etwas gegen das Geld anderer Leute eintauschen will, der muss auch ein wenig nach Geld aussehen. – Darin hatte sie vollkommen recht. Und sie hatte auch recht damit, ihre Mitarbeiter nicht selbst darauf anzusprechen, sie könnte ihre Leute damit nämlich leicht düpieren. Und da ging mir ein Licht auf: Es kommt beim Verkaufen nicht darauf an, was du glaubst, was der Kunde braucht. Es kommt auch nicht darauf an, was der Kunde sagt, was er braucht. Immerhin wurde ich von ihr als Verkaufstrainer eingekauft und sollte den Leuten Einwandbehandlung, Abschlusstechniken, das volle Programm beibringen. Das war das offizielle Programm. Und dann diese Bemerkung. Nein, Limbeck, dachte ich, es kommt darauf an, dass du als Verkäufer rausfindest, was deine Kunden EIGENTLICH wollen, hinter dem, was sie vordergründig wollen. Ich bin eigentlich kein Freund des Wörtchens »eigentlich«, das ist meistens ein Streichkandidat, aber hier passt es. Was die Frau EIGENTLICH wollte: Den Stil ihrer Verkaufstruppe um einen Level steigern. Den Stil, nicht die Skills.

Wenn die Teilnehmer also am Ende aus dem Training rauslaufen würden und eine Liga besser bei den Fragetechniken wären, aber noch genauso rumlaufen würden wie vorher, wäre meine Kundin nicht zufrieden. Das Outfit der Vertriebsleute war ganz offensichtlich der momentane »Kittelbrennfaktor« meiner Kundin, wie mein geschätzter Kollege Edgar K. Geffroy das immer so schön ausdrückt. Dafür kam sie extra zum Seminarraum runter und passte mich ab, um mir das so nebenbei einzuflüstern. Dafür hatte sie mich eingekauft. Das war mein Job.

Feierabend beim Verkäufer

Das ist immer mein Job. Das ist immer Ihr Job. Das ist der Job jedes Verkäufers: Etwas lösen, was der Kunde nicht lösen kann oder will. Es geht hier also nicht um die Ziele des Verkäufers (Auto, Haus, Boot), sondern um die Ziele des Kunden! Es ist nicht die Aufgabe des Verkäufers, ein perfektes Verkaufsgespräch abzuspulen – das wahre, sinnvolle, nachhaltige Ziel eines richtig guten Verkäufers ist es, zu erkennen, was der Kunde wirklich will.

Das muss aber nicht zwangsläufig das sein, was der Kunde sagt, was er angeblich will. So einfach ist es nicht. Es steht auch nicht in seinem Auftrag, es ist nicht unter seinem Logo getextet, auf seiner Website gepostet oder auf seine Stirn tätowiert. Wenn Sie richtig gut sind, finden Sie es trotzdem heraus.

Die Voraussetzung dafür, dass Sie es herausfinden, ist, dass Sie einen ganz bestimmten Kanal geöffnet haben: Wenn Sie dafür angetreten sind, dass die Situation Ihres Kunden nach Ihrem Geschäft besser ist als vorher, wenn Sie Ihrem Kunden helfen wollen, das Beste aus seinen Möglichkeiten zu machen, wenn Sie dazu beitragen wollen, dass Ihr Kunde durch Sie seinen Hoffnungen, Träumen und Wünschen, seinem Glauben, seiner Liebe, seinen Vorstellungen und seinen Interessen einen sichtbaren Schritt näher kommt. Wenn Sie diese Einstellung mitbringen, dann haben Sie eine ehrliche Chance, herauszufinden, was Ihr Kunde EIGENTLICH von Ihnen will. Und dann wissen Sie, was Ihr Job ist.

Oooh, ich kann mir genau vorstellen, wie manche, die gerade diese Zeilen lesen, grinsen und mitleidig den Kopf schütteln über die ach so wankelmütigen und chaotischen Kunden. Ist ja auch richtig, die Grande Dame war eine Ausnahme. Die wusste genau, was sie wollte, sie konnte es so sagen, dass ich es kapierte. Aber das gilt eben nur für die besten. Der allergrößte Teil der Menschen, mit denen Sie es zu tun haben, kann das nicht. Das ist natürlich eine hervorragende Ausrede für Sie, stimmt's? Klar, wie hätten Sie auch einen guten Job machen können, wenn der Kunde zu doof ist zu sagen, was er von Ihnen will! Richtig?

Falsch!

Es ist IHRE Ausgabe herauszufinden, was der Kunde will. Viel mehr als der Kunde selbst, müssen Sie das wissen. Denn Sie sind der Spezialist dafür, nicht der Kunde. Nur: Dafür müssen Sie schon Ihrem inneren Fuzzi einen Tritt geben, sonst kann es Ihnen so ergehen wie diesem Autoverkäufer:

Ich war noch ein wenig jünger als jetzt, vor wenigen Wochen war mein Sohn auf die Welt gekommen, in Kürze war ein neues Auto fällig und ich hatte einen Plan.

Ich fuhr also zum größten Mercedes-Händler der Stadt. Als ich reinkam, sah ich aus, wie junge Väter im Hochsommer an einem Samstagmittag eben so aussehen: bequeme Mokassins, modisch zerrissene Jeans und T-Shirt. Den Kinderwagen schob ich vor mir her. Neben mir trottete unser Mischlingshund Gizmo.

Der Verkäufer mit Kurzarmhemd und Krawättchen sah ebenfalls so aus, wie es zu erwarten war. Allerdings schien er keine Anstalten zu machen, sich von seinem Schreibtisch zu erheben. Ich war von außen betrachtet offensichtlich nicht Teil seines Beuteschemas. Sah ich aus wie einer, der sich keinen Mercedes leisten kann? Zu jung? Zu lässig? Zu junger Vater? Vielleicht dachte er aber auch nur zu angestrengt an seinen Feierabend, denn in einer halben Stunde würde Geschäftsschluss sein.

Ich sagte ihm also, ich interessierte mich für den C-Klasse-Kombi und für den SL. – Ein Fragezeichen lag quer in der Luft. Äh, Kombi UND Sportwagen? Na, was denn nun? Und dann merkte ich schon, was hinter der Stirn des Verkäufers abging: Ach du jemine!, dachte der. Da ist also so ein junger Schnösel, der träumt von einem SL, und hinterher reicht es gerade mal, einen C-Kombi zu finanzieren. Tststs, und das am Samstagnachmittag ...

Vorurteile sind ruckzuck fix und fertig. Jedenfalls war offensichtlich, dass er mich nicht ernst nahm. Den SL wollte er mir gar nicht erst zeigen: »Da vorne am Eingang sind die Prospekte.«

Dann wollte er sich aufraffen, mir die preisliche Unterkante seines Produktportfolios zu eröffnen und gönnerisch auf die C-Klasse einzugehen. Aber ich wollte was zum SL wissen. Da gab es so verschiedene Ausstattungslinien. Ich fragte klar und deutlich, was denn da die Unterschiede wären.

»Steht im Prospekt.«

Das war's – ich sagte: »Wissense was, Sie wären der erste Verkäufer, der es schafft, mich Prospekte lesen zu lassen.«

Er schaute mich zum ersten Mal an.

»Eigentlich wollte ich nur zwei Autos kaufen«, sagte ich. Zwei!

Ich schob den Kinderwagen wieder raus und ging zu meinem 7er-BMW. Nicht zu einem Astra. So langsam schien ihm zu dämmern, dass etwas falsch gelaufen war. Er kam hinter seinem Schreibtisch vor und laberte mir noch was von hinten hinterher, aber das interessierte mich schon nicht mehr. Dieser Verkäufer von Mercedes hat seine faire Chance gehabt und nicht genutzt. Durch sein Verhalten hat er für mich ein emotional negatives Image seiner Marke platziert. Mal sehen, ob ein höflich und hartnäckiger neuer Hardseller es schafft, mich vielleicht in Zukunft doch von Mercedes zu überzeugen?!

Kein Mensch bringt mich dazu, Prospekte zu lesen.

Hätte der Verkäufer seinen Interesse-Kanal auch nur einen Spalt breit offen gehabt, dann hätte er herausfinden können, dass mein Leasing ausläuft und ich in meiner Lebenssituation nicht nur ein, sondern zwei Autos kaufen wollte, einen Kombi als Familienvater plus Hundehalter sowie einen Sportwagen als Autoliebhaber, beides in Personalunion. Er hätte rausfinden können, dass ich der Marke BMW nicht treu bin, dass ich kaufen und nicht leasen wollte, dass ich solvent war und ein Kunde, der unbedingt alle Autos im privaten Fuhrpark reinrassig von einer Marke haben wollte, um nur eine Werkstatt zu haben.

Stattdessen hatte er sich ein Vorurteil darüber gebildet, was ich wollte. Tu das nie!

Ohne Frau und ohne Stil

Wie das besser geht, habe ich erlebt, als ich mein Haus renoviert und umgebaut habe. Damals hatte ich ohne Frau und Stil geplant, nur für mich allein. Was bedeutete, der Martin Limbeck hat sich endlich so eingerichtet, wie er sich schon immer hatte einrichten wollen. Er hat aus einer Wohnung ein einziges großes Zimmer gemacht – alle Wände raus, auch die zur Küche. Die Frage damals war nur gewesen: Was für eine Küche? Das ging mir wochenlang durch den Kopf, ich schaute mir alles Mögliche an. Irgendwann wusste ich, was ich wollte: Eine schneeweiße Hochglanzküche mit grauer Understatement-Beton-Arbeitsplatte – extrem gutaussehend! Jetzt ging es nur noch darum, wer sie mir bauen sollte.

Eines Tages war ich bei Freunden zur Wohnungseinweihung eingeladen. Die Küche dort gefiel mir ausnehmend gut, der Hausherr schlug mir vor, mich mit seinem Küchenverkäufer zusammenzubringen: Tobi. Irgendwann stand Tobi vor mir: Ein Typ mit Rod-Stewart-Frisur, Ohrring und Hawaiihemd. Schräg. Tobi sah so gar nicht aus wie jemand, der Küchen verkauft. Eher wie jemand, der E-Gitarren verkauft. Aber schließlich hatte ich ja damals auch nicht so ausgesehen, als würde ich zwei Autos bei Mercedes kaufen.

Du brauchst etwas ganz anderes: Eine Küche, die nicht nach Küche aussieht.

Ich sprach also mit Tobi über meine Super-Weiße-Hochglanz-Traumküche. Tobi sagte, er würde gerne vorbeikommen, die Maße aufnehmen und sich dabei dann das ganze Haus und die restliche Einrichtung ansehen. Das ganze Haus? Wieso das denn? Wollte er mir noch ein Bett verkaufen? Aber egal, Tobi kam, maß und inspizierte das Haus. Er sagte nichts. Das war schon ein witziger Typ, der machte mir Spaß. Drei Tage später rief er an und sagte: »Ich habe mir Gedanken gemacht über die Küche. Also, Limbeck – vergiss es! Nix Super-Weiße-Hochglanz-Traumküche! Das machst du nicht. Klar? Du brauchst was völlig anderes. Komm vorbei – ich habe das Richtige für dich in der Ausstellung.«

Jetzt war ich einigermaßen perplex. Was für ein Naseweis. Ich hatte doch klipp und klar gesagt, was ich will, oder nicht? Mit ziemlichem Grummeln im Bauch fuhr ich hin. In der Ausstellung stehe ich dann plötzlich in einer SCHWARZEN Hochglanzküche mit 18-fach lackierten Amberholz-Seiten und einer SCHWARZEN Arbeitsplatte aus Granit. Und bin sprachlos.

Tobi sagt: »Limbeck, ich habe gemerkt, dass du was Individualistisches willst. Dir liegt daran, dass nicht jeder so was hat. Du willst doch nicht, dass deine Küche aussieht, wie überall bei IKEA die Badezimmer aussehen. Du willst eine Küche, die nicht nach Küche aussieht, sondern wie ein gestalteter Raum mit Wohnobjekten. Außerdem stellen wir den Küchenblock in die Mitte. Und du brauchst einen eingebauten Grill, weil du abends viel eher ein Steak auf den Grill legst, als umständlich Gemüse zu schnippeln, um Ratatouille aufzusetzen. Richtig, Mann?«

Richtig! Mann! Volltreffer, Tobi! Ich war wirklich platt. Diese Küche war der Hammer. Der Mann hatte mich komplett verstanden. Und er hatte es geschafft, meine Denke in Küchenform umzusetzen. Ein Könner! Vorher war ich wie einer gewesen, der versucht hatte, einen 3er-BMW aufzumotzen. Jetzt stand da ein 911er. Vorher war ich wie einer gewesen, der versucht hatte, mit einem Zweitligakader Tempofußball zu spielen. Jetzt war da Champions-League-Niveau. Vorher war ich wie einer gewesen, der die weibliche Hauptrolle mit einer top geschminkten B-Movie-Darstellerin aufpeppen wollte. Jetzt hatte ich Angelina Jolie in der Besetzung.

Ich habe die Küche vom Fleck weg gekauft. Und liebe sie heute noch. Lass dir das auf der Zunge zergehen: Da will jemand seine weiße Traumküche kaufen und lebt jetzt glücklich und zufrieden in einer schwarzen Küche. Ohne es jemals auch nur eine Sekunde bereut zu haben. So geht verkaufen!

Okay, schauen wir genauer rein: Warum lief dieses Geschäft so befriedigend für alle Beteiligten ab? Drei Punkte: Der Verkäufer ist selbstbewusst aufgetreten. Eins. Er hat dem Kunden nicht nach dem Mund geredet. Zwei. Er hat eine bessere Analyse als der Kunde gemacht, weil er zu mir nach Hause kam, um einschätzen zu können, was mir wichtig war – weil es ihn interessiert hat. Drei.

Er hat mir auch noch etwas anderes beigebracht: Als Käufer. Sollte ich nochmal einen Immobilienmakler brauchen, werde ich ihn zu mir nach Hause einladen und ihm sagen: »Schau dich um, so wohne ich jetzt. Und mit dem nächsten Haus will ich mich nicht verschlechtern.«

Venus interruptus

Das ist übrigens der große Vorteil bei Haustürgeschäften: Ein Staubsaugervertreter geht zum Kunden nach Hause, er steht mitten in der Wohnung des Kunden – und hat damit eine riesige Chance, den Kunden genau zu taxieren und herauszufinden, wie er tickt. Staubsauger? Gutes Beispiel! Stell dir spaßeshalber bitte mal mal vor, du verkaufst Staubsauger.

Sie kennen Ihr Produkt in- und auswendig. Sie sind davon überzeugt, dass Sie den besten Staubsauger der Welt zu verkaufen haben. Sie wissen sogar, wie Sie im Kundengespräch beweisen können, dass Ihr Gerät absolute Spitzenklasse ist, was den ordentlichen Preis voll rechtfertigt. Und nun stehen Sie im Wohnzimmer einer Familie, die sich sogar für Ihre »Blume der Hausfrau« interessiert. Eine nahezu perfekte Verkaufssituation, die rasant auf ihren Höhepunkt zusteuert also. Nur: Sie haben das Wichtigste leider im Auto vergessen ... venus interruptus, wie der Lateiner sagt, abgebrochener Verkauf.

Ich habe genau das erlebt, und zwar von Käuferseite aus, an einem Samstagvormittag in der Adventszeit. Es klingelte. Ich ging im Bademantel an die Tür und öffnete. Vor mir stand ein Herr im schwarzen Anzug mit einer etwas zu kurz gebundenen Krawatte und einem grünen Staubsauger in der Hand.

»Freude, o Freude!«, rief ich aus.

Ernsthaft: Ich wollte schon immer mal so einen Staubsauger kaufen. Nur leider hat es mir bisher noch keiner so gut gemacht, dass er mich überzeugt hätte. Außerdem muss bei einer Entscheidung dieser Tragweite auch die Hausherrin mit dabei sein, und die war erst in einer halben Stunde geduscht und angezogen.

»Können Sie gleich wiederkommen?«

Er blieb dran. Dreißig Minuten später klingelte es wieder. Guter Mann! Er kam herein und stellte sich sehr freundlich und höflich vor. Der Start war geglückt, er war in unserem Allerheiligsten und hatte jetzt alle Chancen. Ganz ehrlich. Wenn er gut war, würde ich kaufen.

Ich war unglaublich gespannt, was er nun tun würde.

Er packte diesen erstaunlichen, riesigen Koffer aus, in dem das edle Gerät lag. Nein, er packte es nicht aus, er zelebrierte das Freilegen des Wunders. Jede Bewegung saß. Ehrfürchtige Stille breitete sich aus, wir saßen staunend da und beobachteten die geschickten Hände des Meisters.

Jetzt begann ich ihn schon mal ein wenig zu testen. Wie er wohl mit Einwänden zurechtkam? »Wissen Sie, wir haben eigentlich gar keine Teppichböden. Wie haben hier nur Granit und Holz und ansonsten nur zwei Teppiche im Wohnzimmer.«

Er umschiffte brillant die erste Klippe: »Das macht gar nichts. Wir haben genau das Richtige für Sie. Denn das ist nicht einfach nur ein Staubsauger.« Pause. »Das ist ein universelles Reinigungssystem.« Pause. »Für jeden Boden.«

Das ist kein Staubsauger, sondern ein universelles Reinigungssystem.

Schluck! Dann kam die eigentliche Produktpräsentation. Er öffnete den Koffer und setzte das Objekt der Begierde mit einer Eleganz und Präzision zusammen, dass ich es schon deshalb am liebsten gekauft hätte. Es schien mir fast, als könnte ich zusehen, wie jemand einen Rubik-Würfel innerhalb von 30 Sekunden in die richtige Ordnung dreht.

Dann kam seine erste Frage. Sehr gut. Er fragte, er dozierte nicht! Er zeigte auf den Teppich im Wohnzimmer und fragte: »Wann haben Sie denn den das letzte Mal gesaugt?«

Eine ausgezeichnete Frage. Denn selbst wenn du der schlimmste Messi wärst – du würdest doch nie im Leben zugeben, dass das schon Wochen her war, oder? Sie würden dann was antworten? »Vorgestern!« Genau!

Der Vertreter zuckte nicht mit der Wimper. Er stellte unsere Stühle behutsam zur Seite und begann zu saugen. Nach ein paar Sekunden schaltete er ab und öffnete die Kammer des Reinigungssystems. Und was war drin? – Staub. Viel Staub. Ein Berg von Staub.

Und du Kunde, was machst du? Du schämst dich. Du schämst dich unendlich, weil du ja erst vor zwei Tagen gesaugt hattest und trotzdem liegt da in der Hand des netten Staubsaugervertreters ein Berg von Staub. Peinlich berührt willst du den Staub gleich entsorgen. Aber er bremst dich: »Nein, nein, Herr Limbeck. Lassen Sie es liegen, ich mache das.«

Nachdem er den ersten Haufen beseitigt hatte, folgte der nächste Streich. Denn der Mann hatte ein weiteres As im Ärmel: Er steckte eine andere Bürste auf und ging zu unserer Couch. Sie war mit Mikrofasergewebe bezogen, und ich dachte immer, dass dort noch nicht mal heiße Spaghettisoße darauf haften bleibt. Denkste. Er saugte nur einige Sekunden. Dann öffnete er wieder gnadenlos die Kammer und mir schwante Böses: Staub. Viel Staub. Ein neuer Berg von Staub. Tatsächlich.

Ist das peinlich? Du willst die Namen der Milben und Mikroben gar nicht wissen, die sich auf der Couch tummeln, auf der du heute Morgen in der Unterhose gesessen hast!

Bisher hatte der Verkäufer alles richtig gemacht, auch unter meinem kritischen Blick. Ich war tatsächlich drauf und dran das Ding zu kaufen. Eigentlich wollte ich gerne noch ein wenig von der guten Präsentation miterleben, als mich die Frau an meiner Seite rechts überholte: »Und was kostet der?«

»Zwölfhundert Euro.«

»Ganz schön teuer.«

So, Zielgerade. Ein paar Sekunden vom Abschluss entfernt. Der Verkäufer war an der letzten Hürde. Würde er es jetzt, auf den letzten Metern noch vermasseln? Nur noch der übliche Einwand beim Preis. Jetzt müsste er nur noch eine saubere Preisargumentation aus dem Hut zaubern. Davon müsste er ungefähr zwanzig parat haben. Standard würde jetzt vollauf genügen. Etwas Kreatives wäre hier gar nicht nötig. Einfach nur etwas Lässiges wie: »Das ist er auch wert. Ich sehe, er passt in dieses Haus.« Oder: »Ja, Sie haben recht, es ist ein wirklich wertvolles Gerät.« Oder wenigstens: »Ja, billig ist er nicht. Dafür bekommen Sie aber natürlich auch …« Einfach nur das Interesse des Kunden wertschätzen. Einfach nur ein wenig offen bleiben für die Bedürfnisse, Wünsche, Vorstellungen des Kunden: Was wollen die beiden? In diesem Haus? Was ist jetzt der Job des Verkäufers? Verdammt, kann man das jetzt noch vermasseln?

Er konnte. Er hat es vermasselt. Und zwar so granatenmäßig, dass selbst mir der Mund offen stehen blieb.

Er sagte: »Teuer? Na, wenn Sie es sich nicht leisten können …«

Verloren.

Was hatte der Verkäufer im Auto vergessen? Sein Interesse für den Kunden. Denn wenn er sich für uns interessiert hätte, dann hätte er gehört, dass die Rede war von »ganz schön teuer« – nicht »zu teuer«. Er hätte anhand der Einrichtung, der geschätzten Quadratmeter, unseres Auftretens, unserer Kleidung, des Autos vor dem Haus und so weiter sehen können, dass ein Staubsauger dieser Marke innerhalb unseres Spielfelds lag. Aber der Mann war so fixiert auf SEIN Verkaufsgespräch, dass er uns offenbar gar nicht wahrgenommen hatte. Guter Verkäufer? – Ich habe bis heute noch keinen grünen Staubsauger.

Chinesisch in Portugal

Stattdessen habe ich ein halbes Jahr später etwas Gelbes gekauft, das ich weder brauchte noch haben wollte. Etwas, das bei Weitem sein Geld nicht wert war und das ich auch noch potthässlich fand. Rate mal! Da kommst du nie drauf …

Und das kam so: Einmal im Jahr treffen sich die besten Marketingexperten Europas zu einer Versammlung des sogenannten »Club 55«. Damals fand das Treffen in Portugal statt. Am Abend saß ich mit mehreren meiner Kollegen und meinem Vater, den ich auf die Reise mitgenommen hatte, in Vilamoura in einem Restaurant am Hafen beim Abendessen. Alle Tische des Restaurants waren voll besetzt. Gerade hatten wir das Essen bestellt, als einer der unvermeidlichen fliegenden Händler an unseren Tisch kam. Das Angebot dieser Verkäufer ist an allen Touristenorten Europas das Gleiche: tanzende Plastikpuppen mit Batterie drin, blinkende Sonnenbrillen mit Batterie drin und Vuvuzelas, weil gerade Fußballweltmeisterschaft war.

Der Verkäufer fing bei mir an – aber ich wollte den Schrott nicht. Er merkte an meiner Antwort, dass wir deutsch sprachen, also stellte er sofort eine Gemeinsamkeit her: »Wo kommst du?« Auch er sei mal in Deutschland gewesen, in Aachen nämlich. Okay, er war im Gespräch. Gut gemacht. Jetzt legte er einen Köder aus. Er stellte meinem Tischnachbarn und Kollegen einen tanzenden Affen hin. Natürlich begannen wir schon zu schmunzeln: Der Verkaufsprofi lässt sich gerade von einem portugiesischen Straßenhändler chinesischen Ramsch andrehen. Wir grinsten genau bis zu dem Moment, als mein Kollege die Stirn runzelte und sagte: »Wisst ihr was? Das wäre doch ein lustiges Mitbringsel für die Kinder.«

Der Verkaufsprofi – und diesmal meine ich den Straßenhändler – stieg sofort darauf ein und stellte eine persönliche Bindung her: »Kinder? Wie alt Kinder? Wie heißen?«

Um es kurz zu machen: Mein Kollege kaufte. Der Verkäufer hatte sein Ziel erreicht. Er hatte etwas verkauft. Aber er war ein richtig guter Verkäufer. Er sah die Chance, mehr daraus zu machen. Etwas für die Kinder zu kaufen, entwickelte er als Motiv zum Gruppendruck weiter. Ruckzuck hatte er heraus, wer noch Kinder hatte. Ich wollte eigentlich immer noch nichts kaufen, sondern weiter die Situation beobachten, aber dann fiel mir mein Vater in den Rücken: »Martin, du hast doch auch noch nichts für Chris ...«

Chris? Sofort griff der Top-Verkäufer den Namen auf. Ich hatte keine Chance.

Und so wahr ich hier sitze und schreibe: Am Ende hatte tatsächlich jeder einzelne am Tisch etwas gekauft, bevor das Essen kam. Und das nur, weil sich der Verkäufer dafür interessierte, was wir EIGENTLICH wollen. Wollten wir chinesischen Plastikschrott kaufen? Sicher nicht. Wollten wir ein Kinderlachen bei der Heimkehr? Aber klar doch!

Ach, ja: Es war eine gelbe Plastiksonnenbrille mit blinkenden Lichtern obendrauf. Sieben Euro.

Kopfarbeit: Denken vor dem Erstgespräch

Vor Ihnen steht ein Glas. Es ist zur Hälfte gefüllt. Was denken Sie? Ist es halb voll oder ist es halb leer? Klar, Sie sagen halb voll. Brav! Immer positiv denken ... Aber pfui Teufel, das halb volle Glas enthält Kontrastmittel, weil Sie gerade im Krankenhaus sind und eine Darmspiegelung vor sich haben! Das Zeug schmeckt so, als sollten Sie damit besser den Gartenzaun anstreichen als trinken.

Na, ist das Glas für Sie immer noch halb voll? – Es ist hoffentlich bald ganz leer, damit Sie es hinter sich haben! Vergiss diesen Schmalspurpsychologie-Blödsinn! Von wegen positiv denken ... es kommt immer auf den Inhalt an, auf die Bedeutung, auf den Kontext. Hermann Hesse hat das in seiner chinesischen Parabel wunderschön ausgedrückt: Das war die Geschichte, in der einem Mann ein Pferd davonlief, das ein paar Tage später mit einer ganzen Herde Wildpferde zurückkam. Wegen der vielen Pferde lernte der Sohn des Mannes reiten, fiel eines Tages vom Pferd und brach sich ein Bein, was verhinderte, dass er für die Armee rekrutiert wurde. – Der Witz an der Geschichte: Zuerst sagten die Nachbarn des Mannes: Oh, was für ein Pech, dass dein Pferd weg ist! Dann sagten sie: Oh, was für ein Glück, dass dein Pferd dir Wildpferde mitgebracht hat. Dann sagten sie: Oh, was für ein Pech, dass dein Sohn sich das Bein gebrochen hat. Dann: Oh, was für ein Glück, dass er nicht vom Kaiser eingezogen worden ist. Der Mann lächelte einfach immer nur, weil er wusste: Pech oder Glück – reine Ansichtssache. Hinterher bist du immer schlauer.

Pessimismus oder Optimismus ist eine Frage des Bewertens. Aber bewerten hilft dir nix! Der Pessimist sagt: »Verdammt, schlimmer kann es gar nicht werden!« Der Optimist sagt: »Doch!« – Die Gemeinsamkeit von beiden ist die starre Denke. Das Krampfhafte.

Ein Top-Verkäufer muss sich vor dem Termin nicht einreden, dass das Mistwetter, durch das er zum Kunden fährt, doch eigentlich ganz gut für die durstigen Blumen ist und dass er – Hurra! – das Gießen heute spart. Es gibt keinen Grund, sich durch positives Denken den Schädel von innen buntrosa zu tünchen – das gibt nämlich definitiv keine bessere Abschlussquote, das versprech ich dir! Der Top-Verkäufer denkt wie die meisten anderen ganz normalen Leute auch: Scheißwetter!

Aber während er durch den Regen fährt, weiß er, dass er optimal vorbereitet ist und dass er eine Top-Leistung als Verkäufer abliefern wird, wenn er gleich beim Kunden aussteigt. Er weiß es einfach. Denn er hat seine sieben wichtigsten Gedanken VOR dem Termin im Kopf gerade gestellt. Sieben?

Nummer eins: Bereit sein für den Sieg

Sie sind bei einem Kundentermin in einem Industriegebiet. Großkunde, langer Termin, mehrere Einzelgespräche, viel Geld im Topf. Gegen 13 Uhr ist eine Stunde Mittagspause eingeplant. Sie gehen raus. Was, wie lange? Eine Stunde? Wie lange wird Ihre Mittagspause dauern? Wirklich eine Stunde? Oder nicht doch eher nur eine Dreiviertelstunde? Oder genügt sogar eine halbe Stunde?

Ich sag's Ihnen: Ich weiß nicht, wie lange Ihre Mittagspause dauert. Das kommt nämlich ganz darauf, wie lange Sie brauchen, um bis zum nächsten Kunden zu laufen. In demselben Industriegebiet haben nämlich zufällig auch zehn potenzielle Kunden ihren Firmensitz. Darunter einer von Ihrer Dreamlist. Warum und woher Sie das wissen? Internet. Am Abend zuvor rausgesucht. Und natürlich laufen Sie jetzt zum Dreamlist-Kunden rüber. Dauert drei Minuten? Sehen Sie, so lange dauert Ihre Mittagspause. Und dann haben Sie 54 Minuten Zeit, den Dreamlist-Kunden aufzureißen, bevor Sie nochmal drei Minuten Mittagspause haben, wenn Sie zurück zur zweiten Halbzeit Ihres Termins laufen.

Sie machen das so, weil Sie das Sieger-Gen intus haben. Sie sehen die Gelegenheit. Und Sie sehen sie nicht jetzt in dem Moment, in dem sie auftaucht, sondern Sie haben sie schon vorher gesehen. Genauer: Nicht gesehen, Sie haben diese Gelegenheit geplant. Sie waren schon vorher bereit dafür.

Wer so denkt und fühlt, muss sich keine Gedanken über halb leere und halb volle Gläser machen. Wer so denkt, dem geht es nicht vorrangig um eine optimistische oder pessimistische Weltsicht. Wer so denkt, dem geht es um die Einstellung, etwas zu wollen. Etwas hundertprozentig zu wollen. Gewinnen zu wollen.

So denkt beispielsweise Wolfgang Loitzl, der mit seinen sieben Goldmedaillen bei Weltmeisterschaften und Olympia einer der erfolgreichsten Skispringer aller Zeiten ist – und Skisprung ... reine Kopfsache! 2008/09 hatte er die Vierschanzen-Tournee gewonnen. An sich ist das nichts Ungewöhnliches, denn einer gewinnt ja zwangsläufig immer. Der Loitzl-Wolfgang aber hatte schon VOR seinem Sieg der Gesamtwertung in einer österreichischen Zeitung ein Interview gegeben, in dem er sagte, dass er nicht bloß gewinnen wolle, sondern auch gewinnen werde: »Jetzt kann mich keiner mehr stoppen.«

Erfolg geschieht nicht einfach. Erfolg wird geplant. Muss geplant werden. Auch Loitzl hat lange trainiert und sich die innere Einstellung, den Siegerwillen erarbeitet. Erst vierzehn Jahre nach seinem Debüt in der österreichischen Nationalmannschaft stand er als Einzelspringer das erste Mal auf dem Siegertreppchen ganz oben, davor hatte er alle Medaillen immer »nur« im Team gewonnen. Doch als er einmal am Sieg geschnuppert hatte, war er bereit für den Gesamtsieg und startete durch.

Nein, Siegeswille ist keine Talentfrage. Keine Glückssache. Keine Frage der Tagesform oder der äußeren Umstände. Und der Siegeswille ist vorher da, oder er kommt gar nicht. Für Verkäufer übersetzt: Den Abschluss hast du VOR dem Termin bereits im Kopf!

Nummer zwei: Alle Kurven kennen

Ein Formel-1-Rennfahrer läuft am Tag vor dem Grand Prix die Strecke zu Fuß ab. Er prüft die Beschaffenheit des Asphalts an allen wichtigen Stellen, die Höhe der Randsteine, die Unebenheiten, die Steigungen. Er schaut sich um, sieht sich in Gedanken im Cockpit, stellt sich vor, wie er aus der Geraden herunterbremst, fünfter, vierter, dritter Gang, anbremsen, rechts an den Randstein ran, nur nicht zu scharf anschneiden. Wo ist der Scheitelpunkt der Kurve? Beschleunigen, nach links außen raustragen lassen. Wo ist die Ideallinie? Vierter Gang, fünfter, weg vom Randstein, sechster Gang, volle Kanne, siebter Gang. Und anbremsen ... Er dreht einen Film im Kopf am Tag vor dem Rennen.

Der Verkäufer sieht sich selbst, wie er das Firmengebäude des Kunden betritt. Wie er den Kunden begrüßt. Mit welchem Satz er auf ihn zukommt. Er stellt sich vor, wie sich der Händedruck mit dem Kunden anfühlt – fest wie ein Schraubstock. Er geht die Eröffnungsphase durch. Einundzwanzig. Zweiundzwanzig. Dreiundzwanzig. Kein Smalltalk. Startfrage. Lachen. Bedarfsanalyse, dritter Gang, vierter, fünfter, anbremsen. Nutzenargumentation, ran an den Randstein. Einwandbehandlung, raus aus der Kurve, vierter, fünfter, Preis, Zahlungsmodalitäten, schnelle Kurve links, rechts, full speed, Abschlussfrage, Unterschrift, Ziel, Sieg.

Visualisieren Sie Ihr Verkaufsgespräch wie einen Film. Szene für Szene. Einstellung für Einstellung. Sehen Sie sich Ihren Film genau an. Er zeigt, wie das Kundengespräch optimal läuft. Und nur das ist gemeint: die Ideallinie.

Auch beim Formel-1-Rennen kann kaum einer so fahren, wie er sich das vorher für den Idealfall zurechtvisualisiert hat. Auch Ihr persönlicher Film vom Kundengespräch ist nicht dazu da, dafür zu sorgen, dass das Gespräch keinen Millimeter davon abweicht. Es dient dazu, Ihnen die Sicherheit im Auftreten zu geben. Es dient dazu, Ihnen Sicherheit zu geben, nicht damit es keine Überraschun-

Flexibel können Sie nur sein, wenn Sie die Ideallinie kennen.

gen gibt, sondern gerade für den Fall, wenn es Überraschungen gibt. Denn wenn plötzlich alles ganz anders kommt, müssen Sie in der Lage sein, flexibel und angemessen zu reagieren. Flexibel können Sie aber nur sein, wenn Sie die Ideallinie kennen. Der Formel-1-Fahrer kann das auch, denn er muss sogar die Ideallinie verlassen, um zu überholen.

Wann drehen Sie den Film? Nicht erst auf dem Weg zum Kunden. Auch nicht morgens beim Rasieren vor dem Spiegel. Sondern spätestens am Abend davor, dann kannst du auch noch davon träumen ...

Nummer drei: Die Schuhgröße des Kunden wissen

Bis zum Abend vor dem Termin haben Sie Ihre Hausaufgaben längst erledigt. Stöhnen Sie jetzt nicht! Was würden Sie denn sagen, wenn Sie Ihren Sohn oder Ihre Tochter nach den Hausaufgaben fragen, und er oder sie antwortet: »Mache ich morgen im Schulbus.«

Das sind Ihre Hausaufgaben: Wie sehen die betriebswirtschaftlichen Daten Ihres Kunden aus? Wie groß ist das Unternehmen? Hat es Niederlassungen? Wo? Wie ist das Unternehmen organisiert? Welche Rechtsform? Ist es ein Familienunternehmen? Welche Branche ist das? Ist es nur in einer Branche tätig? Wo steht es im Markt? Wer ist die Zielgruppe ihrer Produkte? Was schreibt die Presse über dieses Unternehmen? Wer sind ihre Wettbewerber? Wer von Ihren Wettbewerbern hat Kontakte zu dem Unternehmen? Wer wird Ihr Gesprächspartner sein? Wer genau? Haben Sie den vollen Namen? Ist er der Entscheider? Was wissen Sie über Ihren Gesprächspartner? Ausbildung, Titel, Karriere, genaue Position im Unternehmen, Kompetenzen, Entscheidungsspielraum, Hobbys, Interessen, Familie?

Und weiter: Wer wird noch anwesend sein? Sind am selben Tag noch Mitbewerber da? Vorher oder nachher? An einem anderen Tag? Wissen Sie, wie Ihr Kunde aussieht, damit Sie ihn sofort mit Namen ansprechen können? Ist sein Bild in Google, Picasa, Yasni, Facebook, Linkedin oder Xing? Wie sieht die Website des Unternehmens aus? Hat Ihr Gesprächspartner auch eine private Website? Wie viel Zeit werden Sie für das Gespräch haben?

Das sind Ihre Hausaufgaben. Kein Pardon. Ein Zehnjähriger darf auch nicht über die vielen Mathearbeiten stöhnen, sondern muss sie einfach machen. Also ran an den Speck!

Nummer vier: Vorurteile löschen

Bei meinem ersten Verkäufer-Job kam ich gerade von der Schulung zurück. Am nächsten Tag sollte es losgehen. Ich scharrte schon mit den Hufen. Das Fachwissen über Kopierer und Faxgeräte hatte ich jetzt. Nun sollte es an die Kunden gehen. Ich übernahm das Gebiet eines der »alten Hasen« in der Firma. Was war ich froh, dass er mir seine Karteikästen mit allen Kundendaten überlassen hatte! Alles war akkurat und sorgfältig geordnet. Die Roten waren aktuelle Kunden. Die Grünen waren nach Jahr geordnet, die Gelben nach Umsatz. Es ging doch nichts über eine gute Organisation.

Dann begann ich zu lesen. Auf dem ersten Kärtchen stand: »Der Kunde Müller ist ein versoffener Penner und total unzuverlässig.« Auf dem zweiten: »Der Kunde Meier ist ein verkniffener Geizkragen mit Mundgeruch.« Auf dem dritten: »Der Kunde Schulze hat ein Verhältnis mit seiner Sekretärin und ist ein herablassender Napoleon.« Auf dem vierten: »Der Kunde Schröder ist strohdumm und kapiert gar nichts. Besuch sinnlos.« Und so ging das in einem fort. Karteikärtchen für Karteikärtchen nur unangenehme Kundschaft. Nach drei, vier Tagen, als ich alles durchgearbeitet hatte, war mir nur noch zum Heulen. Konnte es sein, dass ich nur Nieten, Spinner und Kotzbrocken als Kunden haben sollte? Oder war mein Vorgänger die Niete, der Spinner und der Kotzbrocken? Was für ein furchtbarer Job. Was für ein katastrophales Verkaufsgebiet. Was für eine grauenhafte Branche!

Vollkommen deprimiert saß ich am Schreibtisch und ließ entmutigt den Kopf hängen. Mein Chef kam vorbei, sah den Trauerkloß mit den Karteikästen und sagte: »Limbeck, stehense auf. Nehmense die beiden Kästen und kommense mit.«

Er schob mich zum Aufzug: »Drückense auf K.«

Was wollte der bloß im Keller mit mir? Er steuerte auf die großen silbernen Mülltonnen zu: »Aufmachen, Limbeck!«

Sollte das eine bizarre Disziplinierungs-Maßnahme sein, oder was?

»Und jetzt Limbeck, schmeissense die Karteikästen rein und machense den Deckel wieder zu.«

Ehrlich? »Ehrlich! Sehense Limbeck, jetzt habense die Birne frei. Jetzt fangense von Null an. Jetzt schreiben SIE die Kärtchen.«

Großartig! Das war das Beste, was mir passieren konnte. Ab jetzt gab es nur noch Kaltakquise. Frei von den Vorurteilen, Wertungen und Meinungen meines Vorgängers. Von vornherein nichts Negatives über die Kunden im Kopf. Nur weil mein Vorgänger nicht mit einem Kunden klarkam, hieß das doch noch lange nicht, dass ich es nicht konnte.

Von vornherein nichts Negatives über den Kunden im Kopf.

Jede persönliche Information von einem Menschen über einen anderen ist immer subjektiv wertend. Halten Sie sich lieber an die Fakten. Und auch die sollten Sie besser selbst überprüft haben, als von den Karteikärtchen eines anderen abgelesen.

Sonst geht es Ihnen wie einer Verkäuferin in einem meiner Seminare: Sie hatte einen Kunden übernommen, von dem das Kärtchen sagte: »Totaler Familienmensch. Ist für ihn das Wichtigste.« Sie stellte sich also beim Kunden vor mit dem Satz: »Wie geht's denn der Frau und der Familie?«

Antwort: »Die Scheidung läuft gerade.«

Rrrrummms!

Die Seminarteilnehmerin war sogar noch ziemlich schlagfertig gewesen: »Wem sagen Sie das, meine auch. Das ist echt schwierig.«

Trotzdem war das Gespräch suboptimal verlaufen. Lassen Sie sich niemals von dem beeinflussen, was andere über Ihren Kunden sagen. Solche Informationen können falsch, gefärbt und veraltet sein. Es ist Ihr Kunde, sehen Sie jeden neuen Kunden mit neuen Augen. Mit Ihren Augen. Ich für meinen Teil bin immer gut damit gefahren. Wenn mir ein Vorgesetzter anbietet, etwas vor dem Seminar über einzelne Teilnehmer und deren Stärken und Schwächen zu erzählen, lehne ich immer freundlich ab. Unvoreingenommen zu sein, hat Vorteile für beide Seiten.

Vor Jahren hatte ein großer Kopiererhersteller sogar diesen immerwährenden Neuanfang zum Prinzip erklärt. Alle vier Jahre wurden dort die Verkaufsgebiete gewechselt. Die Begründung damals war: Unser Produkt ist so gut, dass ohnehin niemand wechseln will, der schon bei uns ist. Und jeder Verkäufer, der es in vier Jahren nicht geschafft hat, einen Kunden zu überzeugen, wird es auch im fünften nicht schaffen, weil es dann nicht am Produkt, sondern am Verkäufer liegt. Ein neuer Verkäufer schafft es aber vielleicht. Sie können von dieser Sichtweise halten, was Sie wollen. Der Kopiererhersteller war damit jedenfalls sehr erfolgreich.

Nummer fünf: Geben und denken

Wie viel können Sie durch den nächsten Abschluss einstreichen? – Ach nein, sagen Sie ganz bescheiden. Es geht mir nicht ums Geld. Geld macht doch nicht glücklich, sagen Sie ... Sie sind ein Heuchler. Geben Sie es ruhig zu! Geld beruhigt. Geld macht unabhängig. Aber Sie haben auch recht: Geld ALLEIN macht nicht zwangsläufig glücklich. Kein Geld aber auch nicht.

Es ist wie immer die Balance. Und zwar die Balance der fünf wichtigsten Dingen, die alle Menschen anstreben: Finanzielle Unabhängigkeit. Gesundheit und langes Leben. Glückliche Partnerschaft. Soziale Anerkennung. Den richtigen Beruf, der Freude macht.

Das klingt schon ganz prima. Aber die allerwenigsten Menschen können das alles gleichzeitig in der Balance halten. Kaum jemand wird in allen fünf Bereichen gleich glücklich sein. Beispielsweise der Manager, der seinen Körper ruiniert des Geldes wegen. Das er dann später dringend benötigen wird, um seine Gesundheit wiederherzustellen. Hat der was gewonnen? Oder der Mensch, der mit dem Büro verheiratet ist: Er wird wohl Schwierigkeiten in der Partnerschaft bekommen. Und wer arm, alt und gesund auf einer Parkbank sitzt und Tauben füttert, könnte sich am Ende fragen, ob es überhaupt jemandem auffiele, wenn er weg wäre.

Für einen guten Verkäufer geht es natürlich auch ums Geld. Alles andere ist gelogen. Aber eben nicht nur und nicht in erster Linie. Geld ist der Treibstoff und das Schmiermittel. Aber Sie brauchen noch ein Getriebe, eine Karosserie, Räder, Bremsen, eine Straße und einen Führerschein. Wer sich zu sehr aufs Geld beim Verkaufen konzentriert, der wird auf der Strecke bleiben oder übers Ziel hinausschießen. In beiden Fällen aber nicht da ankommen, wo er hin will.

Ein Top-Verkäufer hat nicht das Ziel, herauszufinden, was und wie viel er vom Kunden bekommen kann. Ein Top-Verkäufer will von sich wissen, was er dem Kunden geben kann.

Ob ich nun einem Kunden einen Vortrag oder gleich 20 Tage Training verkaufe, ist dasselbe. Es ist dieselbe Freude, dieselbe Ernsthaftigkeit, dieselbe Vorbereitung und derselbe Aufwand. Es gibt kein Verkaufsgespräch »light.« Es gibt nur ein schlechtes oder ein gutes. Die Wahrscheinlichkeit, dass das gute auch das erfolgreiche sein wird, ist unendlich viel größer als beim schlechten. Wenn Sie einen Kunden selbst bei einem kleinen Geschäftsabschluss überzeugen, ist die Wahrscheinlichkeit größer, ihm erneut etwas zu verkaufen. Haben Sie den Kunden überzeugt, dann kommt das Geld von ganz allein. Ohne Krampf und ohne Tricks. Und wenn Sie ihm eine gute Lösung verkauft haben, dann kauft er wieder. Und wieder.

Es gibt kein Verkaufsgespräch »light«. Es gibt nur ein schlechtes oder ein gutes.

Es ist völlig normal, dass sich die Balance bei den fünf wichtigsten Dingen im Laufe der Zeit ändert. Mit neunzehn wollte ich bloß reich werden. Ich geb's ja zu! Heute bin ich Anfang vierzig. Jetzt sind mir auch andere Dinge wichtig. Meine Balance hat sich mehr in Richtung Gesundheit und Familie verändert. Und das konnte ich nur deshalb so entspannt tun, weil mir das Geld, das ich verdiene, die Freiheit dazu gibt. Aber der Jagdinstinkt, der Motor des Verkäufers hat sich nicht geändert. Der hat nämlich nichts mit dem Geld zu tun! Es ist eben heute nur leichter, mal einen Auftrag zugunsten der eigenen seelischen Hygiene abzusagen oder an einen Kollegen weiterzugeben.

Dennoch muss ein Verkäufer überzeugt von seinem Produkt sein. Er muss es gut finden, er muss es mögen, er muss es lieben, ja sogar lieben. Nur so kann er überzeugend vertreten, warum es dem Kunden einen Vorteil bringt. Als ich damals Kopierer verkaufte, hatte ich immer die Gewissheit im Hinterkopf, dass ich meinen Kunden etwas Gutes tue. Weil mein Kopierer viel schneller, qualitativ besser und zuverlässiger ist als der des Wettbewerbs.

Diese Denke ist absolut unverzichtbar. Sorgen Sie dafür, dass Sie den Respekt des Kunden verdient haben. Denken Sie niemals: Wenn ich den heute noch rumkriege, habe ich am Ende einen guten Monatsumsatz. Das wird auf Dauer immer schiefgehen. Und hat nichts mit Respekt zu tun. Mit Selbstwertgefühl schon gar nicht.

Nummer sechs: Status eintunen

Eines Tages kam ich ins Büro und freute mich wie jeden Tag auf meine Leute. Meine Assistentin hatte immer so gute Laune, als hätte sie schon vor dem Frühstück einen Clown verschluckt. Ich kam also herein und sie giggelte schon: Hier ist gerade eine Anfrage reingekommen, hihihi, das wirste nicht glauben hihihi, in was für einer Branche die sind, die verkaufen nämlich pfffhahaha – Bullensperma!

Tatsächlich – die verkauften wirklich kanadisches Bullensperma an deutsche Bauernhöfe. Ich traf mich also mit den Geschäftsführern, die sich als adrette, gut gekleidete, witzige Herren vorstellten und wir verabredeten zwei Seminartage in einem Hotel auf dem Land bei Würzburg. So weit so gut. Limbeck legt also seine Arbeitskleidung an: Anzug, Dolzer-Hemd mit passenden Manschettenknöpfen, Maßschuhe, Seidenkrawatte, passendes Einstecktuch. Steigt in seinen 911er-Dienstwagen und braust nach Franken.

Das Hotel war in einem 100-Seelen-Dorf. Schon auf dem Parkplatz sah ich meine ersten Seminarteilnehmer: alle in Sportschuhen, Jeans, Flanellhemden und Jacken mit Firmenlogo. Alle in Räuberzivil und nicht in Businessuniform!

Ich wusste sofort: Ich hatte genau in dem Moment verloren, in dem ich aus dem Auto ausstieg. Aber was sollte ich machen? Ich musste aussteigen. Und prompt: Ich konnte es schon an ihren Gesichtern ablesen: Dieser Lackaffe im Hochzeitsanzug und der Angeberschüssel soll uns zeigen, wie wir besser Bullensperma an Bauern verkaufen? Der hat doch noch nie mit seinen Händen gearbeitet. Der hat doch keine Ahnung vom richtigen Leben.

Dieser Lackaffe will uns zeigen, wie wir besser Bullensperma verkaufen?

Obwohl ich wusste, wer die Kundschaft der Verkäufer war, hatte ich dennoch den groben Fehler gemacht und meinen Auftritt am Erscheinungsbild der Geschäftsführer ausgerichtet. Und versäumt, vorher zu fragen, in welcher Garderobe das Seminar stattfinden sollte, hatte ich auch. Voll daneben! Anfängerfehler!

Im Seminar wurde es nicht besser. Der Respekt war von vornherein verspielt. Die Teilnehmer gingen raus und rein, um sich Kuchen zu holen, sie spielten mit ihren Blackberry-Tamagotchis – die Stimmung war durch. Zuerst versuchte ich zu retten, was zu retten war, indem ich von meiner Jugend auf dem Bauernhof erzählte und von meinem Onkel, dem Weinbauern – es half nichts. Ich war der Lackaffe, den die Burschen nicht ernst nehmen konnten.

Nach der Kaffeepause drehte ich den Spieß um. Angriff ist die beste Verteidigung: »Meine Herren, ich habe das Gefühl, Sie benehmen sich wie Ihre Kunden. Nämlich wie Bauern. Das liegt wahrscheinlich daran, dass ich mich nicht gut genug auf Sie vorbereitet habe. Ich bin total overdressed.« Dann legte ich den Sakko ab, nahm Krawatte und Manschettenknöpfe ab und krempelte die Ärmel hoch.

Das half. Zumindest für dieses Seminar. Ich habe die Kurve gekriegt, Sie haben sogar noch nachgebucht, aber danach ging es nicht weiter. Das richtige Status-Level knapp über den Teilnehmern habe ich nicht mehr erreicht, das war kaputt.

Kein guter Verkäufer macht sich krumm und passt sich bis zur Unkenntlichkeit an. Kein guter Verkäufer muss um einen Auftrag betteln. Jeder gute Verkäufer will unabhängig bleiben. Jeder gute Verkäufer muss mit Geld umgehen können. Das muss Ihr Kunde schließlich auch, wenn er Ihnen etwas abkaufen soll. Wenn Sie eine Gehaltserhöhung um 500 Euro bekommen, dann sparen Sie die Hälfte davon, denn Sie hatten das Geld vorher ja auch nicht. Werden Sie nicht größenwahnsinnig, sobald Sie Geld und Erfolg haben! Wenn der Limbeck heute in Maßanzug, Manschettenknöpfen mit Logo und Einstecktüchlein aufläuft, dann ist das ein Markenzeichen, das funktioniert. Kein Hahnenkamm! Wäre ich damals mit 21 in demselben Aufzug zum Kopiererverkaufen aufgekreuzt, dann hätte mich niemand ernst genommen. Sie hätten mich zu Recht für einen aufgeblasenen Angeber gehalten.

Der Status muss stimmen: Nicht am Boden, nicht an der Decke. Ein guter Verkäufer ist immer einen Tick besser gekleidet als seine Kunden. Nur einen Tick. Nicht eine, zwei oder drei Klassen besser! Und über den Status machen Sie sich VOR dem Termin Gedanken.

Nummer sieben: Da sein, bevor es losgeht

Es gibt viele goldene Regeln für Verkäufer. Über alle könnten wir jetzt lange und ausgiebig diskutieren. Ich könnte ein dickes Buch über all das schreiben, was ein Verkäufer können und wissen sollte. – Ach, Quatsch, das Buch habe ich ja schon geschrieben! – Eine Sache allerdings will ich auch hier in diesem Buch erwähnen. Hier geht es zwar um Einstellung, Denke, innere Haltung und nicht um Skills, Methoden und Techniken, also nicht um Verhaltensregeln. Aber eine ganz bestimmte Verhaltensregel ist auch gleichzeitig Einstellungssache: Kommen Sie nie zu spät!

Oh ja, es gibt widrige Umstände. Verkehrschaos, Blitzeis, Hurrikan, Stau, Schneechaos. Und so weiter und so weiter. Das sind alles Begründungen. Aber keine Entschuldigungen. Selbstverständlich ist mir das auch passiert. Auch ich bin schon zu spät gekommen. Zwei Mal in zwei Jahrzehnten. Und jedes Mal war der Tag für mich gelaufen. Nicht etwa, weil es keinen guten Grund gegeben hätte für die Verspätungen. Oder weil ich das Seminar vermasselt hätte. Nein – weil mein Kopf so voll von der Sache war, dass ich mit mir selbst unzufrieden war.

Betrachten Sie sich wie einen Piloten, der vorher schon in Ruhe die Route durchgehen muss. Dann sein Fluggerät checken muss: Er muss einmal um den Flieger gehen und sehen, ob alles in Ordnung ist und anschließend eine Besprechung mit der Crew abhalten, damit alles optimal läuft. Wenn das »Go« vom Tower kommt, muss er alles im Griff und erledigt haben und starten können.

Und wenn Sie zum Beispiel bei einem Kunden eine Produktpräsentation machen, sind Sie mindestens eine Stunde vorher im Haus. Wenn Sie etwas aufbauen müssen, sorgen Sie dafür, dass Sie schon vorher in den Raum dürfen. Nur dann bekommen Sie ein Gefühl dafür, wie eng oder geräumig, wie dunkel oder wie hell Ihre Präsentation abläuft.

Kein Kunde wartet darauf, dass Sie den Computer hochfahren.

Wenn Sie einen Laptop benutzen, muss der schon hochgefahren sein und sofort mit dem richtigen Programm einsatzbereit. Nichts ist peinlicher, als wenn der Kunde auf das Hochfahren Ihres Laptops warten muss.

All diese Gedanken, die Sie sich rechtzeitig vor dem Verkaufsgespräch machen – das Bereitsein für den Sieg, das Kennen der Kurven, das Wissen über die Schuhgröße des Kunden, das Löschen der

Vorurteile, das Gebendenken, das Eintunen des Status und das Dasein bevor es losgeht – all das dient Ihnen dazu, sich in die Verfassung zu bringen, die Sie brauchen, um der beste Verkäufer zu sein, der Sie sein können. Nichts soll die Energie absorbieren, die Sie für den Abschluss brauchen. Der Verkaufserfolg wird nicht drei Minuten vor dem Verkaufsgespräch entschieden, sondern drei Stunden davor, in meiner eigenen Programmierung.

Ich habe mal von einem Schamanen ein kleines Glücksschweinchen geschenkt bekommen. Das habe ich immer bei mir, das ist mein Talisman, mein Anker. Ich habe das immer in der Hosentasche. Wenn ich das Schweinchen in die Hand nehme, spüre ich, wie es mich mit dem mentalen Zustand verbindet, den ich brauche, um meine optimale Leistungsfähigkeit zu haben. Das hilft, aber das ersetzt nicht das Denken vor dem Erstgespräch!

Anglerlatein:
Die richtige innere Haltung für die Akquise

Als junger Kerl war ich ein dicker rothaariger Junge mit Sommersprossen. Ich war nicht der Hübscheste und wurde deshalb oft gehänselt. Ich war auch nicht besonders beliebt, denn ich war nicht cool oder selbstsicher oder witzig oder geistreich. In der Clique von Jungs, mit denen ich rumhing, war ich der Mitläufer, der mehr geduldet als akzeptiert wurde. Die anderen nannten mich immer »Karlsson vom Dach.«

Wenn das hier nun das Drehbuch für einen amerikanischen Kinofilm wäre, käme jetzt die Stelle, an der ich erzähle, dass ich unheimlich gut Schachspielen konnte. Oder eine Begabung fürs Geschichtenerzählen hatte. Oder ein super Schwimmer war.

Aber so war es nicht. Nichts davon. Denn es gab nichts, in dem ich so richtig gut war. Meine Schulnoten waren meistens näher an einer Vier als an einer Drei. Ich war mittelmäßig im Sport, obwohl ich vieles ausprobierte: Basketball, Handball, Fußball. Wenigstens im Fußball war ich etwas besser als der Durchschnitt, aber auch das fand nach einer Knieverletzung ein Ende. Ich bin auf Schalke groß geworden, gleich hinter dem Parkstadion. Da wäre das mit dem Fußball ganz gut gekommen, aber nein, sollte wohl nicht sein. Als Junge dachte ich zumindest noch, dass meine Eltern reich wären. Schließlich fuhr mein Vater einen Mercedes. Tatsächlich entstamme ich einer bodenständigen Bergmannsfamilie aus Essen. Nicht mehr und nicht weniger.

Sind das die Voraussetzungen für eine glänzende Karriere? Und wenn ja, eine Karriere in was? Ich wusste also nicht besonders viel

Sie nicht einfach ausknipsen. Aber so ein Amerika-Moment bringt die Lawine ins Rollen. Bei mir war das so, dass ich zu Beginn meiner Karriere noch ziemlich unsicher war. Meine große Selbstsicherheit, die ich zur Schau trug, war nicht wirklich auf gutem Boden gewachsen. Mein Selbstwertgefühl war nämlich in Wahrheit ziemlich gering. Die laute, bisweilen nassforsche oder freche Art war aufgesetzt. Es funktionierte ziemlich gut, aber ich bekam natürlich auch manchmal Gegenwind und Ablehnung. Je selbstsicherer mein Gegenüber, desto leichter wurde ich entlarvt. Dass mein Selbstwertgefühl noch klein war, zeigte sich zum Beispiel darin, dass ich ein Nein, Ablehnung, Niederlagen, Absagen nur ganz schwer ertragen konnte. Ich nahm das sehr persönlich. Wenn es dabei geblieben wäre, wäre ich im Verkauf nicht alt geworden. Wer Ablehnung im Verkauf persönlich nimmt, wird irgendwann manisch-depressiv und freundet sich mit Jack Daniels an, oder er wird zum Bittsteller und Auftragsbettler beim Kunden. Aber ich arbeitete an mir, lernte aus den Misserfolgen, wuchs an den Erfolgen und wurde stärker.

Und plötzlich kannst du der Angst ins Auge sehen. Stellen Sie sich vor, Sie gehen im Park spazieren. Auf die Entfernung kommt Ihnen eine Glatze mit grüner Bomberjacke und Springerstiefeln entgegen. In der Hand hält er eine Hundeleine, an der ein schlecht gelauntes, schwarzes Ungeheuer von Dobermann zerrt.

Ihnen schwant Böses. Und tatsächlich – das Monster reißt sich los.

Jetzt bleiben Ihnen drei Möglichkeiten. Die erste: Sie rennen los. Aber ich wette, dass das Vieh schneller ist als Sie. Chance auf Krankenhaus oder Schlimmeres: 100 Prozent. Die zweite: Sie kneifen die Beine zusammen und legen die Arme fest an ihren Körper. Damit haben Sie wenigstens eine Fifty-Fifty-Chance, dass er nicht zubeißt. Die dritte: Sie folgen dem Rat eines Tiertrainers, gehen in die Hocke und begegnen dem Dobermann auf Augenhöhe. Dann haben Sie zwar voll in die Hose gemacht, sobald die Kampfmaschine zähnefletschend einen Zentimeter vor Ihrem Gesicht halt macht, aber so haben Sie die größte Chance, heil da rauszukommen. Sagt der Tiertrainer.

Bitte beruf dich nicht auf mich, wenn so ein Alptraum wirklich passiert, ich bin ja nicht der Tierpsychologe. Aber was du aus der Geschichte rausnehmen kannst: So wie der Dobermann genau wittert, ob Sie Angst haben, so merkt auch ein Kunde ganz genau, wenn Ihr Interesse an ihm geheuchelt und vorgespielt ist. Er spürt auch ganz genau, ob Sie sich in dem Verkaufsgespräch unwohl fühlen und signalisieren, dass Sie in Wirklichkeit schnell wieder gehen wollen. Der Kunde spürt auch ganz genau, ob Sie hier sind, weil Sie den Umsatz dringend brauchen, oder ob Sie ihn gerne machen wollen.

In allen Fällen ist die Chance groß, dass Sie verlieren werden. Treten Sie dem Kunden aber auf Augenhöhe entgegen – freundlich, bestimmt und offen – dann haben Sie eine echte Chance auf Erfolg. Und Augenhöhe, das geht nur mit Selbstwertgefühl, denn sonst ist die Selbstsicherheit oft überzogen hoch.

Ich kenne viele junge Verkäufer, bei denen der Fall ganz ähnlich liegt wie bei mir früher. Schön beobachten können Sie das auch im Fernsehen. Da gibt es ein paar so Fernsehgesichter, die legen eine grenzenlose Selbstsicherheit an den Tag. Die leben davon, dauernd andere Menschen zu verletzen, und zwar bisweilen heftig, indem sie sie schlicht an ihren Schwachpunkten angreifen und fertigmachen. Das Publikum lacht und grölt dann vor Schadenfreude und Verblüffung über diese Dreistigkeit. Ich kann mich da aber nur fremdschämen. Denn ich sehe diesen Leichtgewichten ihr geringes Selbstwertgefühl an der Körpersprache an. Die verrät sie. Und wer es nötig hat, seine Selbstsicherheit zur Schau zu stellen, indem er Menschen, die weniger selbstsicher sind, durch den Kakao zieht, der ist ein armes Würstchen, der sich dringend mal fragen sollte, warum er das nötig hat.

Einer dieser TV-Clowns war mal bei einer Firma, die auch auf meiner Kundenliste steht, auf einem Kick-off-Event und hat dort gesprochen. In der ersten Reihe saß eine meiner Kundinnen. Die Dame ist gelinde gesagt etwas kräftiger gebaut als der Durchschnitt – außerdem war sie auch noch mit ihrem ersten Kind hochschwanger. Dadurch war sie für ihn das geborene Opfer. Erst machte er Witze über ihre Statur, obwohl ihm klar war, dass sie schwanger war. Machst du sowas, wenn du Respekt vor Menschen hast? Und dann legte er noch nach, von ein paar Lachern ermutigt: Er beugte sich zu ihr runter, um von ihrem Namensschild ihren arabischstämmigen Namen vorzulesen, und sagte: »Ah, da tragen sie wohl gerade einen neuen Al-Qaida-Kämpfer aus!« – Da war plötzlich Ruhe im Saal. Im Fernsehen hätte er das vermutlich nicht gemerkt, aber hier in diesem Raum war plötzlich Stille. Er hatte verloren. Als er dann seine Situation versuchte mit Ironie zu retten, sagte er: »Der Vorteil an meinem Vortrag ist ja, dass er im Voraus bezahlt werden muss.« – Ich glaube, da hat er einfach nur seine wahren Gedanken ausgesprochen.

Solche Typen sind das negative Zerrbild von Menschen mit niedrigem Selbstwert und hoher Selbstsicherheit. Wie gesagt, das Thema hatte ich früher auch. Allerdings: An Respekt vor anderen Menschen hat es mir nie gemangelt, da danke ich Gott und meinen Eltern! Wer keinen Respekt vor anderen hat, der hat keinen Selbstrespekt. Denn bei jedem von uns gilt: Was wir über andere sagen, sagt etwas über uns selbst.

Monopoly für Erwachsene

Also: Wachsendes Selbstwertgefühl hilft gegen die Angst. Ohne Angst gehst du voll in die Zweikämpfe. Dadurch bist du erfolgreich, das wiederum steigert dein Selbstwertgefühl und so weiter. Jeder Verkäufer kann eine positive Aufwärtsspirale in Gang setzen, sobald er aufhört, sich hinter aufgesetzter Selbstsicherheit zu verstecken. Und dann macht verkaufen so richtig Spaß. Und das, was einem Top-Verkäufer am meisten Spaß macht ist: Akquise!

Ich werde den Tag nie vergessen, als ich nach dem vierwöchigen Verkaufsseminar in der Kopiererfirma in die Kaltakquise ging. Gleich am Anfang fuhr ich völlig ohne Voranmeldung und ohne Kontakte ins nächstbeste Gewerbegebiet. Meinen Suzuki Swift mit den Rallyestreifen und Halogenscheinwerfern hatte ich auf den Parkplatz gestellt. Jetzt saß ich im Auto und überlegte. Durch welche Firmentür soll ich jetzt gehen? Der Angstschweiß stand mir auf der Stirn. Ich stieg aus. Weiche Knie. Meine schicke neue schwarze Verkaufsmappe klemmte ich unter den Arm.

Ich konnte mich nicht entscheiden. Wäre es wohl besser in die kleine Firma zu gehen? Ach nee, da stehe ich ja gleich vor dem Chef! Und der weiß vielleicht gar nicht, ob er einen Kopierer braucht und der sagt dann Nein. – Vielleicht doch besser die große Firma? Aber die haben einen Empfang, an dem ich erstmal vorbei muss. Da werde ich schon weggeschickt, bevor ich überhaupt einen zu sehen kriege, der was zu sagen hat.

Zu meiner Überraschung merkte ich, dass es gar nicht weh tat.

Zwanzig Minuten, fünf Zigaretten und ein durchgeschwitztes Hemd später sagte ich mir: »Ach, Shit, was soll's – Du gehst einfach zu allen rein.« – Augen zu und durch.

Und dann habe ich gemerkt: Das tut ja gar nicht weh. Der erste Kunde sagte gleich: »Na endlich kommt mal wieder einer von euch! War ja schon lange keiner mehr da.«

Heute sehe ich Akquise als ein Spiel. Ein Spiel, bei dem du nur gewinnen kannst! Das ist wie Monopoly. Mal bekommst du die vier Bahnhöfe, dann gewinnst du auf jeden Fall. Mal hast du die Badstraße und die Turmstraße, dann kannst du's vergessen. Aber auch dann hast du trotzdem Spaß. Und außerdem: Selbst wenn es mal schlecht läuft – es wird immer wieder neu gewürfelt und du kommst immer wieder über »Los.«

Was ich dabei gelernt habe: Die Ablehnung trifft mich nicht persönlich. Mein Verkaufsleiter verriet mir einen Trick: Denk doch einfach, wir Verkäufer verdienen im Durchschnitt vergleichsweise ziemlich gut. Wenn dich dann so eine Assistentin rausgeschmissen hat, sag dir: Junge, was die im Monat verdient, verdien ich spätestens bis Donnerstag. Und schon kannst du fröhlich zum nächsten Kunden reinmarschieren, ohne dich zu ärgern und ohne deine Leistungsfähigkeit beeinträchtigen zu lassen, nur weil mal wieder ein Nein dran war. Kaltakquise ist Kontaktsport. Viele Kontakte, viele Verkäufe. So einfach ist die Formel. Ich gehe einfach über »Los«.

Heute sage ich: 50 Prozent Ihres Einkommens sind Schmerzensgeld, die anderen 50 sind für die Leistung, die Sie erbringen. Das ist in unserem Job so, im Verkauf geht es darum, wie viel Ablehnung Sie ertragen – und trotzdem dabei Ihr Herzblut behalten.

Damals war ich auch mal beim Diätverband abgebügelt worden, witzigerweise von einer recht kompakten Dame, die dort Chefsekretärin war. Ihr Umfang störte mich nicht, aber ihre unfreundliche Art schon. Beim Rausgehen sah ich, dass ihr Fax und ihr Kopierer vom Wettbewerb und ziemlich alt waren. Ich dachte: Die Frau braucht dringend ein neues Fax! Das Wissen, dass ich etwas wirklich Sinnvolles für sie tun konnte, was für ihren Arbeitgeber unterm Strich auch eine wirtschaftlich sinnvolle Investition war, beflügelte mich und ließ mich über ihre grobe Art hinwegsehen. Ich habe keine Ruhe gelassen. Bei einem meiner Versuche bekam ich mit, wie ihre Kolleginnen sich fröhlich zum Kuchenessen versammelt hatten. Diätverband: Kuchenessen. Eigentlich logisch, hätte ich früher drauf kommen können. Also bin ich einige Tage später einfach vorher in die Bäckerei, habe einen kompletten Schokoladenkuchen eingekauft und bin am frühen Nachmittag zu strategischer Uhrzeit wieder beim Diätverband aufgeschlagen und habe alle Damen zum Kuchenessen eingeladen. Ich weiß, das klingt plump. Aber es hat funktioniert.

Ich sag dir, das war so nett dort, ich bin in den Jahren danach immer, wenn ich mal einen schlechten Tag hatte, zuerst zum Bäcker, dann zu meinen Diätdamen und habe mit ihnen Kuchen gegessen, der Tag war gerettet.

An einem anderen Tag bin ich bei der Kaltakquise in einer Firma zuerst auch im Vorzimmer gescheitert und kam zum Chef nicht durch. Aber ich konnte zufällig einen Blick in die Teeküche werfen, wo Kopierer und Faxgeräte des Wettbewerbs standen.

Ich rief also dort an und sagte »Hallo Herr Schmitz, sie hatten mir ja vor einem halben Jahr gesagt, dass Ihre Kopierer abgeschrieben sind, und ich könnte mich melden, wenn es soweit ist. Das hier ist also mein Anruf.«

Zu meiner Überraschung vereinbarte er sofort einen Termin mit mir, und ich verkaufte drei Kopierer und zwei Faxgeräte. Nach dem Abschluss fragte ich wie üblich nach den drei wichtigsten Gründen, warum der Mann sich für uns entschieden hatte.

Die Antwort: »Es war nur ein einziger Grund gewesen, Herr Limbeck. Ihre Frechheit hat mir gefallen. Ich hatte Sie von Anfang an durchschaut gehabt. Von wegen halbes Jahr und Leasing. So ein Quatsch. Ich bin doch nicht blöd. Aber ich dachte mir, wer so viel Zug drauf hat, der gibt sich auch Mühe, wenn der Kopierer mal kaputt ist.«

Ja, Sie haben recht, das war dreist von mir. Aber das gehört zu diesem Spiel mit dazu: Sie dürfen ein gutes Stück frecher und dreister sein, als Sie es gewohnt sind. Es funktioniert. Das gilt auch für das Telefonieren.

Bei Anruf Mord?

Der Telefonhörer fühlt sich an, als wäre er dreißig Kilogramm schwer. Sie können ihn kaum in die Hand nehmen, kaum hochheben und zum Ohr führen. Das Wählen geht auch nicht leichter. Ihre Hand wird auf einmal wie Blei. Ach verdammt, muss ich das wirklich? Telefonakquise? Was, wenn der Falsche rangeht? Was, wenn der mir Unsinn erzählt? Was, wenn ich nicht schlagfertig genug bin? Was, wenn mir nichts einfällt? Was, wenn einer auflegt? Einfach so. Ich kann das nicht. Das ist nichts für mich.

Na, kommt Ihnen das bekannt vor? Mir schon. Das war der Martin Limbeck vor zwanzig Jahren.

Telefonieren war der Horror für mich. Heute kann ich das, ich darf behaupten: sogar verwegen gut. Denn einige Kollegen sagen: Es gibt im deutschsprachigen Raum nur drei Leute, die zum Thema Terminvereinbarung am Telefon etwas zu sagen haben: Umberto Saxer, Klaus J. Fink und Martin Limbeck. Das zu hören macht mich stolz. Nur weiß ich auch: Das geht nur mit täglichem Training. Und dadurch kann es jeder lernen. Sie müssen es nur tun. Ich sage Ihnen: Es ist auch extrem wichtig, dass ein guter Verkäufer das kann. Denn hier, am Telefon, genau da trennt sich die Spreu vom Weizen. Der Verkäufer, der stark am Tisch ist, der ist noch lange kein Ass am Telefon. Umgekehrt: Wer am Telefon schon ein Ass ist, der ist auch immer am Tisch stark.

Genau hier, am Telefon, trennt sich die Spreu vom Weizen.

Exzellentes Telefonieren ist die Königsklasse. Das ist die Elite. Das sind die stärksten und wetterfestesten Verkäufer. Am Telefon musst du deinen Kunden allein an der Wortwahl, am Tonfall und an der Stimme einschätzen. Seine Körpersprache, seine Mimik, kannst du nicht sehen, nur die Besten können sie hören. Und die Stimme wird übers Telefon sehr schmalbandig übertragen, Sie bekommen also gar nicht alle Informationen über die Stimme übermittelt.

Die andere Schwierigkeit ist, dass es beim Telefonieren nie eine hundertprozentige Erfolgsquote gibt. Meist liegt sie weit darunter. Der Verkäufer hat viel öfter mit Ablehnung und Absagen zu tun als mit Erfolgserlebnissen.

Außerdem fallen bewährte Instrumente einfach weg: Niemand sieht das selbstsichere Auftreten, den guten Anzug, die blank geputzten Schuhe, den edlen Füller, die schicke Uhr. Ihre Selbstsicherheit ist plötzlich unsichtbar. Stattdessen muss der andere sie HÖREN. Hier hilft kein Schauspielern. Selbstsicherheit in der Stimme kann nur aus dem Selbstwertgefühl kommen, aus echtem Selbstvertrauen.

Was für die Kaltakquise vor Ort gilt, gilt noch viel mehr fürs Telefonieren: Das ist ein Spiel! Eine der häufigsten Herausforderungen ist dabei, an der weiblichen Firewall vorbeizukommen, die sich so gut wie jeder Entscheider im Vorzimmer platziert hat. Wie kriegen Sie den Entscheider ans Rohr? Herrliches Vergnügen!

Vornamen sind stärker als Nachnamen.

»Also, guten Tag, ich heiße Limbeck und bin von der Firma Tapeten-Müller. Könnte ich bitte den Chef sprechen?«

Na, was meinen Sie – wie weit kommen Sie mit dem Spruch? Genau: nirgendwohin.

Der erste Satz ist nämlich entscheidend. Wenn ich mich vorstelle, dann achte ich darauf, dass der Kunde meinen Namen hört. Das mache ich so, dass es keinesfalls anbiedernd wirkt. Vornamen wirken stärker und einprägsamer als Nachnamen. Sie dringen tiefer ins Bewusstsein des Gegenüber. Vornamen sind persönlicher. Das heißt: Einen Menschen, dessen Vornamen ich mir eingeprägt habe, kann ich schwerer ergebnislos aus dem Gespräch entlassen.

»Schönen guten Tag. Hier ist Martin Limbeck.« Kleine Pause. »DER Martin Limbeck.«

Kleine Pause.

»Sagen Sie mal, ist denn der Herbert ...« Kleine Pause. »... der Herbert Meier im Hause.«

Wären Sie Sekretärin, was würden Sie denken? Schon wieder so ein nerviger Akquisefuzzi? Oder denken Sie: »Das ist wahrscheinlich ein alter Kegelbruder vom Chef!« – Und Sie wissen ja: Kopfkino und Gedanken sind frei, was du denkst, ist deine Sache.

Außerdem habe ich gefragt, ob der Meier »im Hause« ist. Ich habe absichtlich nicht gefragt: »Ist er zu sprechen?« Jemand der fragt, ob einer zu sprechen ist, signalisiert nämlich, dass er etwas will. Und etwas wollen, das provoziert im Vorzimmer immer sofortigen Widerstand.

Wer fragt, ob einer zu sprechen ist, signalisiert damit, dass er etwas haben will.

Die Sekretärin sagt: »Der Herr Meier ist bei einer Gesellschafterversammlung außer Haus.«

Ich: »Okay. Dann sprech ich ihm einfach auf seine Mailbox ...«

Die Sekretärin: »Gerne.«

Ich: »Okay. Meine Assistentin hat mir folgende Handynummer hingelegt. Wollen wir die gerade mal abgleichen? Ich habe hier die 0179-11223344. Stimmt die noch?«

Die Nummer ist natürlich frei erfunden. In sieben von zehn Fällen bekomme ich so die Handynummer des Chefs. In den anderen Fällen sagen die zwei humorvollen und die eine desinteressierte unter den Sekretärinnen: »Doch doch, die Nummer stimmt noch ...!« – Dann gehe ich zurück auf »Los«. Aber in sieben Fällen von zehn habe ich so die Handynummer des Chefs.

Wer freundlich, bestimmt und offen ist, strahlt automatisch Autorität und Glaubwürdigkeit aus. Loser bekommen Termine, Sieger vereinbaren Termine. Auch wenn Sie ein wenig frecher sein müssen, als Sie es gewohnt sind, um das Ziel zu erreichen. Und Ihr Ziel ist der Abschluss. Den Abschluss machen Sie am schnellsten und effektivsten, wenn Sie so hoch wie möglich in der Entscheidungshierarchie einsteigen. Nicht die Sekretärin unterschreibt Ihren Auftrag, sondern der Entscheider. Mit dem müssen Sie ins Gespräch kommen. Auch wenn Sie bei der Wahrheit etwas weglassen oder die Wahrheit etwas erweitern müssen. Nur lügen darfst du nie!

Wertsache(n):
Hinter Preis und Leistung stehen

Darfst du mit dem Preis runtergehen?

Nein.

Gut, dann können wir ja einen Haken an dieses Kapitel machen, oder?

Hm. Na ja. Wären Sie dann wirklich zufrieden? Ich hätte dann zwar irgendwie recht. Aber ernst genommen würden Sie sich nicht fühlen, denn da draußen sieht die Welt anders aus. Den Preis halten, aber den Kunden verlieren? Toller Ratschlag! – Ratschläge sind auch Schläge, und wer will schon Schläge einstecken. Also nochmal:

Darfst du mit dem Preis runtergehen?

Im Prinzip nicht. Aber! Eine Preisverhandlung ist mehr als nur der Kampf um eine Zahl. Bei der Zahl kann ich beispielsweise für meinen Preis als Speaker oder Trainer einfach sagen: Mein Honorar ist nicht verhandelbar. Dabei bleibe ich. Es ist nicht verhandelbar. Kein Rabatt auf mein Honorar. Warum? Weil ich mein Geld wert bin. Und nicht nur das. Ich bin auch das Geld des Kunden wert. Mein Preis war mein Preis, ist mein Preis und bleibt mein Preis! Fertig.

Aber jenseits der nackten Zahl gibt es eine Menge zu beachten. Ich gebe Ihnen keine Ratschläge und mache Ihnen auch keine Vorschläge. Sondern ich mache Ihnen, lieber Leser, jetzt ein Angebot: Damit Sie sehen, wie sehr Sie mir am Herzen liegen, bekommen Sie dieses Sachbuch über die Denke der Top-Verkäufer mit einem Zusatzpaket: die besten Tipps zum Thema Preis. Und das, obwohl dies streng genommen gar kein Ratgeber ist und auch keiner sein will! Dieses Kapitel hier bekommen Sie obendrauf. Denn bei der Frage nach einem Preisnachlass einfach Nein zu sagen, ist zu billig. Einverstanden?

Was kostet weniger bezahlen?

Neulich hatte ich mir überlegt, ob ich mir nicht ein Quad kaufen sollte. Ich rief beim Händler an und wollte mich erst einmal ganz oberflächlich informieren, in welcher Preisregion ich mich bei einer solchen Anschaffung überhaupt bewege. Der Verkäufer am Telefon sagte: »Sechstausendvierhundertfünfundneunzig Euro Listenpreis, aber wenn Sie bar bezahlen, dann kann ich noch etwas nachlassen.«

Der gute Mann sagte mir also im ersten Satz: Mein Preis ist weich. Da geht immer was. Mein Preis ist Wachs in deinen Händen. Drück weiter zu, erpress mich, mach mich fertig, schau, wie weit du gehen kannst!

Wer den Rabatt schon zusammen mit dem Preis aufruft, mag den Ast nicht, auf dem er sitzt, und setzt die Säge an. Er signalisiert, dass er den Verkauf sehr dringend nötig hat. Dass er die weiße Fahne schwenkt und schon kapituliert hat, um sich komplett in die Gewalt des Kunden zu begeben.

Bei der Sache mit dem Quad war es dann tatsächlich auch so: Ein paar Sätze später hatte ich den Mann am Telefon bereits auf einen Preis unter 6.000 Euro gehandelt. Das war so einfach, dass ich schon den Spaß verlor und ihn fragte, ob er mir nicht einen seiner Wettbewerber empfehlen wollte. Denn Sie wissen ja: Der vermeintlich einfache Sieg enttäuscht den Gegner.

Leute, so macht ihr keine Geschäfte! Jedenfalls keine guten, die für beide Seiten gleich genussvoll sind. Rabatte anbieten ist verboten! Nach dem Rabatt muss schon der Kunde selbst fragen, so sind die Spielregeln ... Es bleibt sonst immer ein seltsames Gefühl bei einem solchen Handel. Wie beim Schokoriegel-Hersteller, der mit dem Slogan wirbt: »Jetzt 20 Prozent mehr Inhalt für denselben Preis.« – Da denkt sich der Süßschnabel auch: »Hm, entweder haben die in den letzten Jahren 20 Prozent zu viel verlangt, oder sie haben die Rezeptur verändert und die Zutaten sind jetzt nur noch 80 Prozent wert im Vergleich zu vorher.«

Was bleibt, ist Unsicherheit beim Kunden. Unsicherheit erzeugt Zweifel. Zweifel sind kontraproduktiv im Verkaufsgeschäft. Ein Verkäufer, der schon bei der Angebotspräsentation einen Preisnachlass in Aussicht stellt, schadet sich selbst. Er setzt damit eine Spirale in Gang, die immer nach unten führt. Das schadet allen. Er beschädigt die eigene Glaubwürdigkeit. Er vermindert das Vertrauen ins eigene Produkt und er verringert langfristig den Wert der Marke.

Was hilft: Die Sache andersrum sehen! Ein Kunde, der in eine Preisverhandlung einsteigt, hat im Prinzip schon gekauft. Denn sobald er beginnt, über den Preis zu reden, hat er signalisiert, dass er das Produkt haben will. Der Rest ist nur eine Preisfrage. Und mit »nur« meine ich damit nicht, dass der Verkäufer zwangsläufig den niedrigsten Preis akzeptieren muss. Sondern dass der Kunde normalerweise den Preis akzeptiert, den der Verkäufer überzeugend genug vertritt. Nicht den hohen, nicht den niedrigen, nicht den Kompromisspreis. Den überzeugendsten – und das kann nur der sein, von dem Sie selbst überzeugt sind!

Preise können Sie ohnehin nur verhandeln, wenn der Kunde Sie, Ihr Produkt oder Ihre Dienstleistung oder alles zusammen wirklich will. Sonst sind Sie nur ein plapperndes Rabattschild.

Wenn ein Kunde einen Rabatt haben will, dann bedeutet das, dass der Kunde etwas vom Verkäufer haben will. Er will also ein weiteres Geschäft machen. Er sagt: Ja, Verkäufer, ich kaufe. Aber nur unter der Bedingung, dass wir uns auf ein weiteres Geschäft einigen. Ich will eine Zusatzleistung: Und die besteht darin, dass du mir den Preis verringerst. Was kostet das?

Sie sagen dann: Okay, Kunde, du willst noch was dazu, lass uns reden! Aber das Grundprinzip der Wirtschaft gilt auch hier: Tauschhandel. Quid pro quo. Keine Leistung ohne Gegenleistung! Nachlass gegen Zahlung im Voraus. Partnerbonus gegen zusätzliche

Bestellung. Treueprozente gegen Reduktion des Aufwandes. Rabatt gegen Änderung der Zahlungsmodalitäten zugunsten des Verkäufers. – Ein guter Verkäufer macht Geschäfte, aber keine Geschenke! Und gleichzeitig: Im Preis hart bleiben, bei Kleinigkeiten großzügig sein – so denken und handeln Top-Verkäufer.

Trotzdem bereiten viele Firmen ihre Verkäufer mit einem von zwei Modellen auf Preisverhandlungen vor: Das eine heißt: »Don't lose a deal about the price.« Was bedeutet: Lieber ein schlechtes Geschäft als gar keines. Das andere Modell ist, dass die Firma ihren Verkäufern von vorneherein eine feste Rabattspanne vorgibt.

Das eine ist genauso schlecht wie das andere. Denn was passiert dann ganz automatisch? – Der Verkäufer geht den Weg des geringsten Widerstandes. Der aufgerufene Preis klappt sofort in sich zusammen. Der Verkäufer gerät schon in Panik, wenn der Kunde nur Luft holt, um das Wort »Preis« oder »Rabatt« zu sagen: »Verkäufer, lassen Sie uns ...« – »Ja, Kunde, ja! Ist ja schon gut! Na klar gebe ich Ihnen den Minimalpreis, den Maximalrabatt, die Schmerzgrenze!«

Der Grund dafür, dass viele Verkäufer nicht an ihren Preis glauben, liegt darin, dass sie zwar an sich und an ihr Unternehmen glauben, nicht aber an das Produkt. Oder sie glauben zwar an das Produkt und an sich selbst, aber nicht an das Unternehmen. Oder sie glauben zwar an das Unternehmen und das Produkt, aber nicht an sich selbst. Manche Verkäufer glauben an nichts von alledem und gehen trotzdem verkaufen.

Das wichtigste Gefühl bei Preisverhandlungen ist Selbstachtung.

Das ist nicht gut. Wenn Sie als Verkäufer in Ihrem Unternehmen permanent in einem dieser Zustände leben und arbeiten, dann bleibt Ihnen über kurz oder lang nur eines: Fällen Sie eine Entscheidung! Suchen Sie sich einen anderen Zirkus – und Ihre Firma soll sich einen anderen Clown suchen. Alles andere macht Sie erfolglos, unglücklich und verbittert.

Das allerwichtigste Gefühl bei Preisverhandlungen ist Selbstachtung. Der Verkäufer muss sich den Preis selbst wert sein. Machen Sie sich immer klar, unter welchem Preis Sie das Produkt niemals verkaufen würden. Welcher Preis wäre unter Ihrer Würde? Behalten Sie das immer im Kopf. Ihre Selbstachtung ist Ihre Leitlinie.

Wie viel will Herbert bezahlen?

Herbert hat Geburtstag. Er wird vierzig und will mit seinen Freunden feiern. Klar, da muss etwas Besonderes zum Anstoßen her. Für seine Freunde ist Herbert das Beste gerade gut genug: Champagner muss es sein. Er fährt also zu Aldi und kauft 20 Flaschen Champagner zu 17 Euro die Flasche – 340 Euro insgesamt. Es wird ein gelungenes Fest, Herberts Freunde freuen sich, dass es edlen Schampus gibt und auch Herbert freut sich, wenn seine Gäste glücklich sind.

Eine Woche später fährt er mit seinen beiden besten Kumpels zum Skifahren nach St. Anton am Arlberg. Morgens und mittags reiten sie die Pisten und dann geht's zum Après-Ski beim Mooserwirt. Der wirbt im Internet mit dem Slogan: »Wahrscheinlich die schlechteste Skihütte am Arlberg.« Und auf der Speisekarte steht: »Saugut und schweineteuer.« Der Mooserwirt kann sich Witz und Selbstbewusstsein leisten, denn der Erfolg gibt dem Laden recht: Sein Lokal ist die »Mutter aller Skihütten«, wie der *Playboy* schrieb. Hier wird der größte Bierumsatz Europas pro Quadratmeter erzielt – höher als beim Oktoberfest. Vierzig Kilometer Getränkeleitungen sind hier verlegt worden, damit alles schnell und in Strömen fließen kann. Denn Stoßzeit hat der Mooserwirt von 15.30 Uhr bis 20.00 Uhr. Keine Sekunde früher, keine Sekunde länger, dann schmeißt er Sie gnadenlos raus. Und der Laden ist immer brechend voll! Du kannst noch so viel trinken, umfallen kannst du dort nicht.

Ist der Herbert nun verärgert? Im Gegenteil!

Inzwischen stehen Herbert und seine Freunde am Tresen und unterhalten sich mit drei holländischen Touristinnen. Herbert will sich einmal mehr nicht lumpen lassen und bestellt Champagner. Als es dunkel wird, tritt das Trio den Weg ins Tal an. Herberts Rechnung: 450 Euro – für drei Flaschen Schampus. Mehr als für die zwanzig Flaschen für seine Geburtstagsparty bei Aldi. Ganz schön teuer.

Ist der Herbert nun verärgert? Im Gegenteil – er ist glücklich, weil er eine Riesengaudi hatte und dazu noch in der Tasche die Telefonnummer von Meike, einer der hübschen Holländerinnen.

Zwei Jahre später. Herbert hat geheiratet. Na klar – Meike. Wen sonst? Gerade sind die beiden beim Skifahren. Sie sind in St. Anton und feiern damit auch ihr erstes Kennenlernen damals beim Mooserwirt.

Im Ort gibt es eine schicke Boutique, die nur die großen Namen führt: Gucci, Prada, Dior, Versace. Als die beiden die Boutique betreten, führt der Besitzer Herbert gleich auf das bequeme Sofa mitten im Raum, lässt ihn Platz nehmen und drückt ihm zuerst einen Espresso in die Hand, später einen Prosecco. Meike verschwindet mit einer Verkäuferin in Richtung Umkleidekabinen. Eine Weile darauf steht sie wieder vor Herbert. In einem sauteuren Designerfummel, der gefühlte vierzig Euro pro Quadratzentimeter Stoff kostet. Der Boutiquebesitzer sagt nun: »Na mein Herr, wie steht Ihrer Frau dieses wundervolle Kleid?«

Was würden Sie an Herberts Stelle sagen? Garantiert nicht: »Das ziehst du am besten zum Karneval an.« Stattdessen macht sogar ein Sparbrötchen wie Herbert das, was die meisten tun würden: Sich freuen, dass die Frau glücklich ist, und bezahlen.

Im Sommer sind Meike und Herbert in der Türkei. Im Clubhotel Aldiana gibt es eine Schmuckboutique. Der Laden ist immer voll mit Urlaubern. Die drei jungen Türken, die ihn betreiben, sind freundlich, charmant und zuvorkommend. Und noch viel wichtiger – sie sind gute Verkäufer. Jedem wird selbstverständlich sofort Tee angeboten und den Kindern Limo und Cola. Die drei Jungs spielen sich die Bälle gegenseitig perfekt zu. Und wenn die Kundin die Auswahl getroffen zu haben scheint, kommt der Spruch, der den Elfmeter verwandelt: »Schöne Frau, wissen Sie, bei Schmuck gibt es nur drei

Fragen: Erstens – gefällt er mir? Zweitens – will ich ihn haben? Und drittens – will ich ihn mir leisten?«

Glauben Sie mir: Jede Touristin in diesem Hotel kauft irgendwann irgendetwas in diesem Laden. Jede. Es ist nie eine Preisfrage.

Also: Was lehrt uns Herbert? – Die Situation bestimmt den Preis!

Und das gilt – auch wenn wir es oft durch unseren Tunnelblick betrachtet nicht glauben wollen – auch für alle Investitionsgüter, Anlagen oder Dienstleistungen. Denn ein guter Verkäufer wusste schon immer, dass etwas Teures und Wertvolles leichter zu verkaufen ist als etwas Billiges!

Es muss frisch gebrühter Espresso her, nicht die Plörre aus dem Pumpspender.

Wenn also die Situation den Preis bestimmt, was ist dann der nächste, der zwingende Denkschritt für den Verkäufer? – Ich drehe nicht am Preis, ich drehe an der Situation!

Das bedeutet, dass ich für den Kunden eine möglichst angenehme, unbeschwerte, freundliche Situation herstellen muss. Da muss frisch gemachter Espresso her und nicht die lauwarme Plörre aus dem Elf-Liter-Pumpspender. Es muss frisch gepresster Orangensaft sein und nicht der gummibärchenfarbene Nektar aus dem Tetrapack. Die Kekse kommen vom Konditor und nicht aus der Discounterpackung. Und auch die frischen Blumen auf dem Verhandlungstisch sind ihre dreißig Euro wert. Erst recht, wenn der Kunde kauft.

Die Situation bestimmt den Preis.

Der Preis und die Leistung müssen für den Kunden durch die Situation spürbar sein. Ersichtlich sein. Schmeckbar sein. Ein Verkäufer, der einem Kunden eine Baufinanzierung über 200.000 Euro verkaufen will, darf nicht mit dreckigen Schuhen am Verhandlungstisch sitzen und dem Kunden einen billigen Plastikkugelschreiber zur Unterschrift in die Hand geben. Auch nicht, wenn der Kugelschreiber das Firmenlogo trägt. Sie wollen doch auch nicht, dass bei Ihrer Blinddarmoperation der Chirurg die Playmobil-Schere mitbringt!

Dass das äußere Erscheinungsbild des Verkäufers tipptopp sein muss, ist selbstredend. Ein Anzug muss nicht nur getragen, sondern – viel wichtiger – er muss auch ausgefüllt werden. Lassen Sie auffälligen oder protzigen Schmuck zuhause. Männer nehmen Ohrringe und Piercings heraus, weil sich kein Kunde von einem Steifftier beraten lassen will. Es sei denn, Ihr Kunde hat ein Tattoo-Studio oder einen Schmuckladen.

Das Hühnerbein sagt: Ich hab's nicht gekonnt.

Besonders die Details stimmen. Tragen Sie zum Anzug IMMER kniehohe Strümpfe. Warum? Ganz einfach: Wenn Sie sitzen oder die Beine übereinanderschlagen, dann rutschen zwangsläufig die Hosenbeine hoch. Und was sehen Sie da, wenn einer kurze Socken trägt? Einen tadellos blankgeputzten dunklen Lederhalbschuh. Darüber ein Stück schwarze Socke. Dann ein Stück bleichweißes stachelhaariges tiefkühlhühnchengleiches Männerbein. Dann wieder das dunkle Hosenbein Ihres Anzuges.

Der Anzug und die Schuhe sagen dem Betrachter: Ich hab's gewollt. Und das Hühnerbein sagt dem Betrachter: Ich hab's aber nicht gekonnt.

Also: Anzüge tragen, heißt Kniestrümpfe tragen. Du bist Profi-Verkäufer, kein Konfirmand. Und Sie haben die Situation bis ins Detail auf hohem Niveau im Griff – denn dann führen Sie ganz andere Gespräche als Preisgespräche!

Vollgas im Hirn

»Das ist zu teuer!«

Okay, jetzt ist es soweit. Trotz Selbstachtung und der richtigen Einstellung zu Produkt, Unternehmen, Preis und Ihnen selbst, trotz Sorgfalt im Detail und Kontrolle über die Situation, der Kunde legt einfach die Axt an den Preis. Zu teuer! Können wir über den Preis reden? Geht das auch billiger? – Was jetzt?

Bis heute wird in vielen Seminaren immer noch gepredigt, was der Verkäufer daraufhin einwenden soll, nämlich: »Zu teuer? Im Verhältnis wozu?« – Daraufhin sagt der Kunde: »Im Vergleich zu den anderen Angeboten.« – Der Verkäufer antwortet: »Zu welchen Angeboten?« – Der Kunde sagt: »Zu Firma A, B, C und D.« – Daraufhin der Verkäufer: »Aber wir haben den besseren Service und die besseren Extras!« – Dann kommt das Killerargument des Kunden: »Ach hören Sie doch auf, die Angebote sind doch sowieso beinahe gleich!«

Tja, und was nun? Alles, was Sie von nun an sagen können, werden nur noch Rechtfertigungen sein. Genau damit beginnt die Preisspirale, die Sie nach unten treibt. Sobald Sie in der Defensive sind, können Sie nur noch Konter fahren, aber das Spiel haben Sie aus der Hand gegeben. Ein Verkäufer muss aber immer das Spiel bestimmen, das liegt in der Natur seiner Rolle. Sonst ist er kein Verkäufer, sondern ein Verteiler! Vergessen Sie deshalb diese Art von Preisgespräch. Mit dieser Teuer-im-Verhältnis-wozu-Taktik locken Sie keinen Hund mehr hinter dem Ofen vor, Sie locken nur die Geier an.

Ihre einzige andere Möglichkeit ist, dem Kunden zu vermitteln, dass Sie auch jetzt noch hinter Ihrem Preis stehen. Widersprechen Sie einfach gar nicht dem Teuer-Vorwurf. Sie sind teuer? Jawohl, Sie sind teuer, und das ist gut so! Wenn der Kunde also sagt: »Limbeck, Sie sind zu teuer«, dann antwortet Limbeck beispielsweise: »Stimmt. Teuer und gut. Gut, weil ...« Dann folgt die Nutzenargumentation.

Zwei Dinge, die hier wichtig sind, damit's funktioniert. Erstens: Rhetorische Verdopplung – zweimal »gut«. Zweitens: Die Nutzenargumentation geht natürlich nur, wenn Sie im Vorfeld Ihre Hausaufgaben bei der Bedarfsanalyse entsprechend der Motive, Wünsche, Hoffnungen und Forderungen des Kunden gemacht haben. Sonst verpufft's!

Vom Schuhmacher bis zum Anwalt: Wenn Sie einen Experten wollen, dann zahlen Sie.

Halten Sie sich vor Augen, dass dieses Prinzip bekanntermaßen in vielen Dienstleistungssektoren widerstandslos funktioniert. Vom Schuhmacher bis zum Anwalt: Wenn Sie einen Experten wollen, zahlen Sie. Oder verhandeln Sie über das Honorar des Rechtsanwalts, der dafür sorgen soll, dass Sie Ihren Führerschein zurückbekommen? Würden Sie sich von einem zweitklassigen Herzchirurgen operieren lassen, nur weil der billiger ist? Kaufen Sie Ihren Herzschrittmacher auch im Internet? Haben Sie jemals beim Zahnarzt über den Preis verhandelt? Oder beim Friseur? Oder bei einer Fernreise? Einem Flugticket? Einer Eintrittskarte für irgendwas?

Ja, die Keramikkronen sind teuer. Aber sie sind ja auch viel haltbarer als die Plastikkronen, und gesundheitsverträglicher allemal. Ja, die Dauerwelle ist teuer. Aber Sie sieht dafür auch nicht so aus wie bei Atze Schröder. Ja, die Mauritius-Reise ist teuer. Aber da befinden Sie sich auch in anderer Gesellschaft als in Palma. Ja, das Ticket für Take That mit Robbie Williams in Hamburg kostet 349 Euro, das ist teuer. Aber es ist ja auch die erste Gelegenheit seit 15 Jahren, Take That in Originalbesetzung live zu erleben. Na also!

Ein fettes Ego und die volle Überzeugung, mit dem Angebot auf dem richtigen Dampfer zu sein, sind die halbe Miete. Die andere Hälfte ist Schlagfertigkeit. Die Antwort auf den Teuer-Vorwurf muss nämlich kommen wie geschossen. Schlagfertigkeit bedeutet Intelligenz mit hoher Geschwindigkeit.

Jeder der jetzt ganz schlagfertig kontert, er sei nunmal leider nicht schlagfertig, hat was falsch verstanden. Es gibt kein Schlagfertigkeits-Gen. Und auch kein Schlagfertigkeits-Hormon. Sie müssen nicht in bestimmten Familien oder bestimmten Weltgegenden zu bestimmten Mondphasen geboren sein, Sie brauchen keine spezielle Aufzuchtform und keine bestimmte Diät, um schlagfertig zu sein. Schlagfertig sein heißt einfach: Gut vorbereitet sein.

Weißt du, wie Schlagfertigkeit funktioniert? Du lernst einfach zwanzig Sprüche auswendig. Wortwörtlich auswendig, wie den Text von Schillers *Glocke*. Und wenn der Kunde sagt: »Zu teuer!«, dann sagst du einfach einen deiner zwanzig Sprüche. Den ersten, der dir einfällt. Du sagst ihn sofort, ohne Luft zu holen. Und du sagst ihn mit Tempo, trotzdem laut und deutlich, mit fester Stimme. Das genügt.

Sie können sich selbst eine Liste von zwanzig Sprüchen ausdenken, oder Sie nehmen diese hier: »Die anderen sind billiger – ja, das müssen Sie auch sein.«, »Rabatte sind der Startschuss in den Konkurs – wollen Sie wirklich an so einem Rennen teilnehmen?«, »Wenn wir vorne kein Geld annehmen, können wir hinten auch kein Geld für Service ausgeben.«, »Qualität hat ihren Preis, und für diesen Preis bekommen Sie mich dazu.«, »Meinen Preis kennen Sie – und ich bringe zu einem Termin kein Geld mit.«, »100 Prozent für 100 Prozent und 90 Prozent für 90 Prozent.«, »Wenn Ihnen Kompetenz zu teuer ist, dann versuchen Sie es mal mit Inkompetenz.«, »Billige Träume führen zu billigem Erwachen.«, »Was würden Sie denn Ihren eigenen Verkäufern raten, wenn sie permanent unter Preisdruck verkaufen müssen?«, »Ich kann Ihnen versichern – keiner zahlt an diesem Tag weniger als Sie.«, »Geiz ist geil – Leistung ist geiler.«, »Sie kaufen damit auch unser Herzblut.«, »Richtig teuer wird es erst, wenn Sie sich für das Billige entscheiden.«, »Wir wollen Kunden gewinnen – nicht Umsatz kaufen.«, »Der Preis spiegelt unsere Erfahrung wider.«, »Wie motiviert würden Sie für nur fünf Euro arbeiten?«, »Basar ist nicht hier am Ort.«, »Diese Qualität führen wir nicht.«, »Billiger geht immer.«, »Wir haben kein Budget mehr für Rabatt.«, »Bei dem Rabatt brauche ich aber eine Spendenquittung.«, »Billig wäre es geworden, wenn wir dies und das weggelassen hätten.«

Das sind sogar mehr als zwanzig, da können Sie noch welche streichen. Aber Vorsicht: Nicht jeder Spruch ist für jeden Kunden und für jeden Verkäufer gut. Alles muss auch mit einem Lächeln und einem Augenzwinkern vorgetragen werden. Probieren Sie es für sich aus!

In einem meiner Seminare hatte ein Teilnehmer in folgender Situation großen Erfolg: Der Verkäufer verhandelt gerade mit dem Einkäufer. Plötzlich kommt der Geschäftsführer ins Zimmer, stellt sich vor und setzt sich an den Computer hinten im Zimmer und arbeitet dort. Während des Verkaufsgesprächs mischt sich der Geschäftsführer immer wieder in die Verhandlungen ein. Der Verkäufer sagt daraufhin: »Sie sind heute offenbar in Verhandlungslau-

Werden Sie verbal stark! Versuchen Sie es einfach mal.

ne. Setzen Sie sich doch zu uns.« – Am Ende hatte der Verkäufer den besten Abschluss bei diesem Kunden gemacht, der je erreicht wurde. Das zehnfache Volumen im Vergleich zu vorher.

Oder versuchen Sie es mit einer Geschichte. Suchen Sie sich ein Beispiel, das zum Kunden passt. Vielleicht ist Ihr Gegenüber so gut gekleidet wie Sie selbst, dann versuchen Sie folgendes Strickmuster:

»Wissen Sie, Herr Kunde, jeder Vergleich hinkt. Nur mal als Idee: Stellen Sie sich vor, Sie gehen am Samstagmorgen zum besten Herrenausstatter der Stadt, um einen dunkelblauen Anzug zu kaufen. Der Verkäufer begrüßt Sie freundlich. Sie tragen Ihren Wunsch vor, und der Verkäufer bietet Ihnen zwei Anzüge. Einen teuren und einen billigen. Beide sehen auf den ersten Blick gleich aus. Sie probieren erst den billigeren an. Schon als Sie versuchen die Hose anzuziehen, verpasst Ihnen der Teppichboden einen elektrischen Schlag. Der Anzugstoff ist wohl doch nicht so hochwertig, wie es zuerst den Anschein hatte. Sie probieren den zweiten Anzug an. Der sitzt wie maßgeschneidert. Dann sagt der Verkäufer, dass das Kürzen des Hosensaumes beim teureren Anzug im Preis inbegriffen sei. Sehen Sie, Herr Kunde, so ist es doch fast überall. Es ist normal, dass bei den meisten Produkten nicht auf den ersten Blick zu erkennen ist, was wirklich in ihnen steckt. Sie wollen doch auch nicht, dass Ihr Geschäftspartner die verloren gegangenen Gewinne vom Erstauftrag klammheimlich beim Folgeauftrag wieder abkassiert. Herr Kunde, wir wissen doch beide: Das Gesetz der Wirtschaft verbietet, für wenig Geld viel Leistung zu bekommen.«

Werden Sie verbal stark! Versuchen Sie es einfach mal. Lernen Sie das und üben Sie das. Denn der Kunde ist eher bereit zu investieren, wenn Sie es ihm wert sind – Wertschätzung beruht auf Gegenseitigkeit.

Oder Sie versuchen es mit »Pencil-Selling«. Dabei überzeugen Sie den Kunden, indem Sie ihm buchstäblich vorrechnen, welchen Nutzen er haben wird, wenn er bei Ihnen kauft. Dafür brauchen Sie nur ein paar Regeln: Grundsätzlich fragen Sie den Kunden nach dessen Zahlen. Das hat den einfachen Grund, dass die Zahlen, die Sie dem Kunden als Beispiel geben, auch vom Kunden abgelehnt werden können. Dagegen sind die Zahlen, die Ihnen der Kunde gibt, wie in Stein gemeißelt. Nach Möglichkeit lassen Sie sogar den Kunden selbst rechnen.

Als ich damals Kopierer verkaufte, hatte ich als Verkäufer das Interesse, auch eine Servicevereinbarung mit abzuschließen. Der Vorteil für mich lag auf der Hand: Erstens bedeutete das einen größeren Abschluss. Und zweitens kauft niemand ein System des Wettbewerbs, solange noch der Servicevertrag läuft. Für manche Kunden lockte aber die Möglichkeit, am Servicevertrag Geld einzusparen.

Es war nicht schwer, dem Kunden vorzurechnen, dass das eine Milchmädchenrechnung war: Der Kunde macht pro Monat 5.000 Kopien. Das sind im Jahr 60.000 Kopien. Durch die Erfahrungswerte der Branche konnte davon ausgegangen werden, dass pro Jahr 10 Prozent mehr Kopien gemacht werden. Das bedeutet im zweiten Jahr 66.000 Kopien usw. So lange bis der Kopierer nach fünf Jahren abgeschrieben war. Das Interesse des Kunden war also, dass das System vom ersten bis zum letzten Tag optimal lief. Wenn nun der Toner 5.000 Kopien lang hielt, dann kostete eine Kopie 5 Pfennige. Also 3.000 Mark im Jahr.

Anfahrt, Abfahrt, Arbeitszeit, Verbrauchsmaterial und Ersatzteile.

Und nun machte ich die eigentliche Rechnung auf: Wenn etwas schiefging und der Toner nur 4.000 Kopien machte. Oder wenn Tipp-Ex aufs Vorlagenglas kam und das keiner bemerkte und hunderte von Kopien denselben schwarzen Fleck zeigten, musste der Servicetechniker gerufen werden. Ohne Servicevertrag kostete der jedes Mal Geld. Anfahrt, Abfahrt, Arbeitszeit, Verbrauchsmaterial, Ersatzteile, usw.

Verglich ich mit dem Kunden nun die Summe für den Techniker mit der Summe für den Vertrag, dann kam nie ein Unterschied von mehr als 10 Prozent dabei heraus. Entweder war die Summe 10 Prozent höher oder niedriger.

Am Ende meines Pencil-Selling stand das Argument: »Lieber Kunde, in dem einen Jahr gehen die 10 Prozent zu unseren Lasten – im nächsten Jahr zu Ihren Lasten. Mit dieser Servicevereinbarung haben Sie allerdings darüber hinaus die Sicherheit, dass Sie den Techniker zur Not jede Woche kommen lassen können, nur weil Tipp-Ex auf dem Glas ist. Mit anderen Worten: Sie kaufen Sicherheit, und im Vergleich mit der Variante ohne Servicevereinbarung investieren Sie im Durchschnitt keinen Pfennig mehr.« Dann nicken Sie, während Sie fragen: »Ist das ein Angebot, bei dem Sie mir zustimmen, wenn ich sage, dass alle Beteiligten nur gewinnen?« – Denken Sie dran: Nicken steckt an wie der Wackeldackel im 190er-Diesel neben der selbstgehäkelten ...

Noch ein Tipp: Benennen Sie den Preis immer in kleinen Worten: »Das Quad kostet sechsfünf.«, »Der Vertrag liegt bei einszwei.« – Wenn Sie aber den Vorteil des Kunden beziffern, nehmen Sie lange Zahlwörter: »Da haben Sie unterm Strich volle dreihundertfünfundzwanzig Euro mehr im Geldbeutel.«

Wenn ich Sie jetzt nach diesen paar kleinen Tipps mit großer Wirkung nicht noch einmal auf den weit größeren Fundus in meinem Buch *Das neue Hardselling* hinweisen würde, wäre das Buch an dieser Stelle unvollständig. Wenn Sie wissen wollen, wie es geht: Dort können Sie weiterlesen.

Sie sehen aber auch schon jetzt: Das ist kein Hexenwerk, das ist Handwerk. Und genau wie jeder Handwerker lernen muss, mit seinem Handwerkszeug umzugehen, muss jeder »Maulwerker« lernen und üben, bis jeder Satz perfekt an der richtigen Stelle sitzt. Bis jede Argumentationskette flüssig abläuft und sich nicht verheddert. Bis jeder Einwand entkräftet und jede Kritik entgiftet ist. Genau wie bei den Handwerkern beginnt auch der Verkäufer als Lehrling und lernt und übt und probiert aus. Dann wird er Geselle und lernt und übt und probiert aus – bis er es zum Meister bringt. Und dann lernt und übt und probiert er weiter ... das ist die innere Haltung, die Top-Verkäufer auszeichnet.

Schriftstücke sind Meisterstücke

> »Sehr geehrte Damen und Herren, nachfolgend bieten wir Ihnen:
>
> 1 Schreibtisch Katalog Nr. 43578743/ByK 3-Senator/Buche
>
> Preis: 2199.99 €.
>
> Wir danken für Ihre Anfrage und würden uns über eine Bestellung freuen.«

Bis zur Meisterschaft dauert es ein Weilchen. Denke ich, wenn ich so ein Angebot lese. Bis zu Ihrer Meisterschaft werden Sie auch pfundweise schriftliche Preis-Angebote an Kunden abgeschickt haben. Und auch hier gibt es einiges zu beachten.

Stellen Sie sich vor, Sie sind Kunde und bekommen als Angebot eine E-Mail von Ihrem Verkäufer, in deren Textfeld das Angebot steht: »Sehr geehrter Herr Kunde, gerne erinnere ich mich an unser Gespräch vom 13.11. in dem ... blablabla ... nachfolgend bieten wir Ihnen ... blablabla ... freibleibend im Rahmen unserer AGBs ... blablabla ... wir hoffen Ihnen ein angemessenes Angebot gemacht zu haben ... blablabla ... und würden uns freuen ... blablabla ...«

Nichts gegen Textbausteine. Die sind wichtig für den Rahmen, in dem Sie Ihr Angebot erstellen. Aber dieses langweilige seelenlose Geschwafel ist so persönlich, wie die hunderttausendste Spammail, die Ihnen Potenzpillen aufschwatzen will. Ihr Kunde verdient Individualität. Er möchte und soll das Gefühl haben, dass das Angebot genau für ihn und niemand anderen oder gar hunderttausend andere erstellt wurde. In Ihrem Angebot muss der Kunde nicht Sie wiederfinden, sondern er muss SICH wiederfinden. Es ist nicht Ihr Angebot – es ist SEIN Angebot.

Mein Angebot bietet dem Kunden auch ein Vergnügen zum Anfassen.

Ich gehe noch einen Schritt weiter. Selbst wenn meine Kunden sagen, sie wollen ein elektronisches Angebot: Meine Kunden bekommen trotzdem Post von mir. Zum Anfassen. Ich will ihnen das haptische Vergnügen gönnen, ein beeindruckendes Paket zum Angebot zu bekommen. Im Paket sind mein Buch, meine DVD und wenn möglich eine kleine Nettigkeit, die individuell zum Kunden passt.

Selbstverständlich bekommen meine Kunden auch eine elektronische Form des Angebots. Aber eben nicht einfach einen Fließtext in der Mail mit Textbausteinen. Denn diese formlose und schlampige Art wirkt im Ausdruck beim Kunden, als hätten Sie Buchstaben aus der Zeitung ausgeschnitten, den zusammengeklebten Brief auf den Kopierer gelegt und die Kopie per Brief verschickt. Der Kunde erschrickt und denkt, Sie hätten seinen Hund entführt und wollten ihn jetzt erpressen! Auch ein elektronisches Angebot hat eine Form, die es zu wahren gilt: In der Mail ist das Anschreiben. An der Mail hängt ein PDF-Dokument, in dem auch das Firmenlogo steckt. So als wäre es erstklassiges gedrucktes Briefpapier mit Briefkopf.

Sowohl elektronisch als auf Papier gilt: Preise werden nicht fett gesetzt. Der Preis hat die gleiche Schriftgröße wie der übrige Text. Fett sein dürfen dagegen die Leistungsmerkmale und Vorteile für den Kunden.

Ich bin ein Freund von Kommastellen bei Preisen. Glatte Zahlen wirken ab- oder aufgerundet. Und seien wir mal ehrlich: Jeder Kunde unterstellt dem Verkäufer, dass er aufrundet, oder?

Also wirken Preise mit Kommastellen seriöser. Das Komma zeigt dem Kunden, dass der Verkäufer sich Mühe gegeben hat, den optimalen Preis für den Kunden auszurechen. Damit meine ich um Himmels willen nicht die typischen Supermarktpreise. Wie zum Beispiel »Ihre Leasingrate beträgt 499,99 Euro.« Nein, viel besser sieht das hier aus: »Ihre Leasingrate beträgt monatlich 501,23 Euro.«

Im PDF wie auf Papier ist ein Deckblatt sinnvoll, auf dem steht, für wen das Angebot ist. Gerne auch mit dem Firmenlogo des Kunden. Der Text des Angebotes ist übersichtlich, verständlich und gut gegliedert. Ihr Angebot ist eine »Empfehlung«, kein »Vorschlag«.

Der Preis wird wie ein Sandwich mit dem Nutzen des Kunden verpackt:

»Sie erhalten Ihren neuen Schreibtisch, Herr Kunde, mit den gewünschten zwei Schubladen, dem Hängeregister und den zwei Kabeldurchführungen für nur 2.203, 56 Euro. Darin eingeschlossen sind selbstverständlich die höhenverstellbaren Füße – für ergonomisches Sitzen – und die Befestigungen für die Steckerleisten.«

So, das waren nochmal zehn Tipps zum Schluss. Gekauft?

Nein:
Noch Ein Impuls Nötig

Nein. Ich habe wirklich keine Zeit für Sie. Nein danke, ich habe kein Interesse. Nein. Ich habe im Moment keinen Bedarf. Nein. Ich kaufe bei einem Ihrer Mitbewerber und fahre sehr gut damit. Nein. Ihr Produkt ist mir einfach zu teuer. Nein.

Nein. Nein. Und nochmal: Nein!

Wie viele »Nein« kann ein Verkäufer eigentlich ertragen? Ein Nein ist eine Ablehnung. Niemand wird gerne abgelehnt. Ablehnung ist kein angenehmes Gefühl, da nützt auch kein Schönreden. Es tut einfach nicht gut. – Sie sind Verkäufer. Und es gibt kaum einen anderen Beruf, in dem Sie mit so viel Ablehnung klarkommen müssen. Finanzminister vielleicht noch. Jedenfalls: Haben Sie sich das wirklich gut überlegt?

Dieses vielhundertfache Nein kannte eine Firma zur Genüge: Airbus hatte in den 1970er-Jahren begonnen, ein völlig neues Produkt auf den Markt zu bringen. Ein Produkt, dessen Markt längst aufgeteilt war. Airbus hatte den A300 entwickelt. Ein Passagierflugzeug für die Mittelstrecke mit breitem Rumpf, zwei Sitzreihen, zwei Triebwerken, für bis zu 266 Passagiere. Beinahe die gesamte Welt kaufte ihre Flugzeuge in den USA bei Boeing, McDonnell Douglas oder Lockheed. Und da kamen diese Europäer als Newcomer und wollten mit einem Mittelstrecken-Großraumflugzeug mit nur zwei Triebwerken in den US-Flugzeugmarkt einbrechen.

Es hagelte Absagen. Schon an den Wettbewerber gebunden! Keine amerikanische Fluglinie wollte das Risiko eingehen, ein nicht amerikanisches, eigentlich zu großes und darüber hinaus völlig neu konstruiertes Flugzeug zu kaufen. Kein Interesse. Kein Bedarf. Schon an die Konkurrenz gebunden. Nein. Nein. Und nochmal: Nein!

Aber die Europäer waren von ihrem Flieger überzeugt. Überzeugt, dass ihr Produkt leiser, sparsamer, billiger, moderner und besser war als die der zukünftigen Bewunderer. Aus dem Nein wurde eine neue Herausforderung: Wie knacken wir den Markt? Und aus der Herausforderung wurde ein neuer Impuls.

Für den neuen Impuls sorgte der damalige Airbus-Chef Bernard Lathière. Er hatte bereits mit Frank Borman verhandelt. Borman war Astronaut der Apollo 8 Mission gewesen und leitete Amerikas zweitgrößte Fluglinie »Eastern Airlines«. In Sachen Fliegerei konnte also keiner Borman etwas vormachen, und so hatte er genügend Zweifel an dem, was die Leute bei Airbus versprachen.

Sie können ihn gleich mitnehmen, wenn Sie wollen.

Eines Tages im Dezember 1977, so beschreibt es zumindest die Legende, führte Lathière Borman in die Fertigungshalle von Airbus. Unterwegs machte er ihm ein unschlagbares Angebot: Borman konnte vier A300-Maschinen ein halbes Jahr lang fliegen – für eine Leasingrate von einem Dollar. Würde Borman danach nicht überzeugt sein, dann würde Airbus die Maschinen ohne Berechnung zurücknehmen. Bormans Risiko betrug also genau einen Dollar. Bisher hatte in der zivilen Luftfahrt noch nie jemand ein solch unerhörtes Angebot gemacht. Borman konnte nicht glauben, was er gehört hatte. Aber plötzlich stand der ehemalige Astronaut im Airbus-Hangar und traute seinen Augen kaum: Vor ihm stand ein nagelneuer A300 – bereits fertig in den Eastern-Airlines-Farben lackiert.

»Sie können ihn gleich mitnehmen, wenn Sie wollen«, soll Lathière gesagt haben.

Airbus war im Geschäft. Und das Produkt überzeugte. Im Frühjahr 1978, also schon vor Ablauf der sechs Monate, bestellte Borman gleich 23 neue A300. Das war der Durchbruch. Für alle hatte sich das Geschäft bezahlt gemacht. Borman hatte Geld gespart und hatte jetzt Jets, die um ein Drittel sparsamer flogen als der Rest. Für

Airbus war der Eastern-Deal der Beginn einer Erfolgsgeschichte auf dem Flugzeugmarkt.

Was bedeutet also ein Nein? Ich kann es nicht oft genug wiederholen und ich werde nicht müde zu betonen: Nein bedeutet: **N**och **E**in **I**mpuls **N**ötig.

Ihr Kunde hat es verdient, dass Sie sich weiter um ihn kümmern. Eine Absage bedeutet nicht, dass Sie den Kunden verloren haben, sondern, dass Sie sich um ihn noch mehr Gedanken machen müssen. Dass Sie sich neue Gedanken machen müssen. Es nützt nichts, ja es ist sogar kontraproduktiv, immer blind und blöd auf dieselbe Stelle einzudreschen, die beim Kunden ohnehin schon taub ist. Mit dem Kopf durch die Wand zu wollen, ist zerstörerisch – mal bricht die Wand ein, mal die Schädeldecke. Ein guter Verkäufer braucht keine brachiale Sturheit, sondern intelligente, höfliche Hartnäckigkeit und Fantasie: Manchmal sind vier Impulse nötig. Oder fünf. Oder sechs. Über Tage, Wochen und Monate.

Es ist harte Arbeit dranzubleiben, hartnäckig zu bleiben. Jeder gute Verkäufer weiß, dass das Nein zu seinem Leben gehört wie das Rasieren und Zähneputzen. Jeder gute Verkäufer weiß auch, dass die einen Kunden mit ihm Geschäfte machen, weil der Verkäufer so ist wie er ist. Und dass es Kunden gibt, die keine Geschäfte mit ihm machen, weil er so ist wie er ist. Sie können nicht alle Kunden gewinnen, auch wenn Sie es noch so sehr wollen, auch wenn Sie noch so gut sind. Leben Sie damit!

Auch Sie als Verkäufer müssen manchmal Nein zum Kunden sagen. Wir alle wissen, dass das für einen Verkäufer noch schwieriger ist, als selbst ein Nein einstecken zu müssen.

Raus aus dem Loch!

Endlich wieder Montag! Acht Uhr dreißig. Das erste Kundengespräch der Woche. Der Kunde beginnt, gleich am Anfang, am Preis herumzumäkeln. Die Einwandbehandlung und die Preisargumentation will er gar nicht hören. Verdammt, die Woche fängt ja gut an. Es hilft nichts, ich muss dem Kunden einen Rabatt gewähren. Also Laufzeit verlängern, schlechterer Preis für mich.

Es ist kurz vor Mittag, ich betrete mit einem mulmigen Gefühl das Büro meines zweiten Kunden. Hoffentlich läuft das nun besser als heute Morgen. Aber nein – schon wieder hat ein Kunde immer nur die Kosten im Kopf. Schon wieder muss ich die Konditionen anpassen. 14.45 Uhr, inzwischen habe ich fast schlechte Laune. Doch offensichtlich kommt jedes Unglück dreifach: der dritte Kunde hat nur eins im Kopf – den Preisnachlass: »Wir haben billigere Angebote. Wenn Sie die nicht unterbieten, dann lassen wir's ...«

Auf dem Weg zum vierten Kunden: Ist das der Beginn einer Pechsträhne? Ich habe es inzwischen satt, gleich am Montag dreimal von Kunden abgewatscht zu werden. 17.15 Uhr auf dem Gang vor dem Büro des vierten Kunden. Die Bürotür öffnet sich. Mann, der Kunde guckt schon so miesepetrig. Das ist wirklich zu viel für einen Montag und ich sage: »Sagen Sie nichts. Ich kann es Ihrem Gesichtsausdruck ansehen. Meinetwegen – da haben Sie Ihren verdammten Preisnachlass.«

Abends sitze ich in der Jogginghose zuhause auf dem Sofa und ziehe mir die Wolldecke über den Kopf. Der Fernseher nervt. Das Radio nervt. Das Bier nervt. Alles nervt. Die Welt ist schlecht und ich bin auch nicht besser.

Dienstagmorgen, acht Uhr dreißig. Hoffentlich läuft das besser als gestern. Der erste Kunde wirkt aufgeschlossen. Er versteht den beiderseitigen Nutzen unseres Geschäfts. Und das Beste: Er akzeptiert – zwar widerwillig – meinen Preis.

Endlich. Es geht aufwärts. Der zweite Kunde fragt nach einem Preisnachlass. Ich denke: Was ich heute früh geschafft habe, das schaffe ich jetzt ein zweites Mal. Und tatsächlich kann ich den zweiten Kunden überzeugen. Das läuft ja wie geschmiert. Auch der dritte Kunde steigt schnell ein. Eine halbe Stunde später mein Hattrick. Drei Kunden hintereinander zu optimalen Abschlüssen gebracht. Das Leben kann so schön sein!

17.45 Uhr, der letzte Termin für heute. Ich gehe freudestrahlend auf den Kunden zu und sage: »Ersparen Sie sich selbst die Mühe und lassen Sie das Verhandeln lieber weg. Ich bin heute so großartig in Fahrt, Sie werden kaufen. Zu meinem Preis!«

Klar kennen Sie diese zwei Sorten Tag so gut wie ich. Klar wissen Sie, dass jedes Kundengespräch das nächste Kundengespräch beeinflusst und dass die Summe dieser Erfahrungen den Verkäufer beeinflusst. Jedes emotionale Ereignis erzeugt ein Echo, das dem nächsten Ereignis vorausgeht. Wer schon einmal mit hundertsiebzig auf der Überholspur sein Leben an sich vorbeiziehen sah, weil gerade vor ihm ein Vierzigtonner abrupt und ohne zu blinken ausschert, der tut was beim Anblick des nächsten Vierzigtonners? Genau, der fährt gaaaanz langsam und vooorsichtig vorbei.

Zwei Stunden später legen Sie den Schalter wieder um.

So sind wir. Und dann, zwei Stunden später, schaltest du wieder runter und gibst Gas. Du legst den Schalter um von Frust auf Herausforderung. Von Depression auf Aktion.

Wie das gehen soll? Hier eine kleine, einfache Übung. Hier und jetzt mit dem Buch in der Hand.

Auf geht's. Sie stellen sich vor, Sie hatten eine Pechsträhne. Alles ging schief: Ihr Job ist weg, Ihre Katze wurde überfahren, Ihre Ehe ist kaputt, Sie haben Ihr Haus verloren und nun sind Sie obdachlos. Gerade sitzen Sie auf einem Windelkarton neben dem Leergutcontainer auf dem Lidl-Parkplatz. Es beginnt zu regnen. Sehen Sie sich doch mal an: Zusammengekauert. Die Beine unter den Körper gezogen. Den Kopf zwischen den Armen, die Jacke als Kapuze über den Kopf gezogen. Ein Häufchen Elend, nicht größer als ein Sack der Altkleidersammlung.

So, und wenn ich gleich »Jetzt!« sage, dann legen Sie das Buch weg und nehmen genau die Körperhaltung dieses Häufchens an. Sie sprechen mir nach: Ich bin ein SIEGERTYP! Ich bin extrem gut DRAUF! Ich bin ein SPITZENVERKÄUFER!

Dann nehmen Sie wieder das Buch in die Hand und lesen hier weiter. – Bereit? Jetzt!

...

Na? Lustig, gell? Sie haben es gemerkt. In dieser deprimierten und deprimierenden Haltung würde ich mir noch nicht einmal meine eigenen Motivationssprüche abkaufen.

Nicht mal der Limbeck würde sich so seine Sprüche abkaufen!

So, und jetzt kommt Teil zwei. Wenn ich gleich »Jetzt!« sage, stehen Sie auf. Strecken Sie sich. Schütteln Sie Ihren Kopf und stellen Sie sich auf die Zehenspitzen. Strecken Sie Ihre Arme und Finger nach oben. Schauen Sie nach oben. Machen Sie sich so groß wie Sie nur können. Ballen Sie die Hände zu Fäusten. Sprechen Sie mir nach: Ich bin ein LOSER! Ich bin EIN VERLIERER! Auch diesmal werde ich WIEDER VERSAGEN!«

Dann nehmen Sie wieder das Buch in die Hand und lesen hier weiter. – Und? Jetzt!

...

So geht das schon viel besser! Bei beiden Übungen haben Sie sicherlich wie auch meine Seminarteilnehmer herzlich gelacht. Den Schalter umlegen können Sie nur, wenn Sie die Körperhaltung und die Stimme und die Atmung auf Action, Zuversicht, Optimismus schalten. Auch Stimme ist wichtig, denn Stimmung kommt von Stimme. Vor allem: Bewegen Sie sich. Gehen Sie spazieren, ins Fitnessstudio, zum Joggen, was auch immer Ihnen am besten liegt. Nur – tun Sie etwas und lassen Sie sich nicht in die Depression fallen. Mit dieser einfachsten aller Übungen erzeugt Ihr Körper von ganz alleine die richtige Stimmung, um aus dem Loch zu klettern. Körper gleich Stimmung gleich Einstellung. Und wir ziehen genau das magnetisch an, was wir ausstrahlen. Loser haben Loserkunden, Durchschnittstypen haben Durchschnittskunden und Sieger haben Top-Kunden.

Wo der Ball als Nächstes hinkommt

Einwand, Vorwand, Bedingung. Mit diesen drei Begriffen hat jeder Verkäufer im Alltag zu tun. Wichtig ist zuerst zu wissen, was diese Begriffe bedeuten. Im zweiten Schritt sollten Sie in der Lage sein, sie im Gespräch zu identifizieren, um sie im dritten Schritt voneinander zu trennen. Erst dann kann es erfolgreich weitergehen. Aber machen Sie dabei einen Schritt nach dem andern.

Eine BEDINGUNG ist ein objektiver, messbarer, plausibler und nachvollziehbarer Umstand, der die Ansprüche an Ihr Angebot beschreibt. Wenn die Bauverordnung im Neubaugebiet Ihres Hauses schwarze Dachziegel vorsieht, dann wird der Verkäufer im Baumarkt Ihnen noch so viele Schattierungen von Rottönen anbieten können – Sie werden bei ihm nichts kaufen. Noch nicht einmal, wenn er sie Ihnen schenkt. Die Bedingung ist: Die Dachziegel müssen schwarz sein.

Ein VORWAND ist eine emotionale Reaktion des Kunden auf Ihr Angebot. Aus Angst oder aus Höflichkeit benutzt er ein vorgeschobenes Argument, um Ihr Angebot abzulehnen. Jeder Vorwand ist immer ein getarnter Einwand. Ihr Kunde könnte also behaupten, er habe gerade nicht die Mittel, um Ihr Produkt zu kaufen. Ist das ein Vorwand, steckt in Wirklichkeit etwas anderes dahinter. Falls es also nicht wirklich ums Geld geht, dann wird der Kunde mit einem weiteren Vorwand kommen, wenn der Verkäufer versucht, das Argument mit Finanzierung oder Leasing zu entkräften.

Ein EINWAND ist ein subjektives Argument gegen das Angebot des Verkäufers. Er kann von unvollständigen, fehlenden oder missverständlichen Informationen über das Produkt oder das Angebot herrühren. Aber eines ist klar: Ein Kunde, der Einwände formuliert, ist keinesfalls ein Kunde, den Sie gerade drohen zu verlieren. Im Gegenteil! Ein Einwand ist ein Beweis dafür, dass sich der Kunde mit dem Produkt und dem Verkäufer beschäftigt. Wer sich beschäftigt, signalisiert Kaufinteresse. Und Kaufinteresse ist schon der halbe Weg zum Abschluss.

Kaufinteresse ist schon der halbe Weg zum Abschluss.

An Bedingungen wird der Verkäufer kaum etwas ändern können. Dem Käufer, der einen roten Reisebus kaufen will, dem wird auch der beste Top-Verkäufer nie ein blaues Cabrio verkaufen können. Es sei denn als Zweitwagen ...

Vorwände können nicht entkräftet werden. Das sollen Sie auch gar nicht. Ein Kunde, der einen Vorwand benutzt, braucht ihn als Schutzschild. Allein das Wort sagt es schon: »Vor-Wand«. Wenn Sie dem Kunden diese Wand wegziehen, steht er nackt und blamiert da. Stattdessen versucht der kluge Verkäufer, durch eine geschickte Fragestellung herauszufinden, was der eigentliche Einwand ist. Am einfachsten geht das mit einer schwebenden Frage: »Angenommen Herr Kunde, sie hätten genügend Geld, dann ...«

Der Verkäufer lässt dann die Frage genau so schwebend und unvollständig in der Luft hängen. Der Kunde wird den schwebenden Ball zurückspielen wollen und beispielsweise sagen: »Auch dann würde ich nicht kaufen.«

Darauf der Verkäufer: »Dann muss es für Sie einen weiteren Grund geben. Und der ist ...«

Pause.

Der Kunde lässt dann die Katze aus dem Sack: »Na ja, der wäre, dass Ihr Produkt bei der Haltbarkeit nicht den besten Ruf hat.«

Da hast du's! Aus dem Vorwand hat der Verkäufer den Einwand herausgeschält, ohne den Kunden zu blamieren. Mit Einwänden kannst du arbeiten.

Das Ziel ist, den Wortschatz Ihrer Verkaufsvokabeln zu vergrößern.

Ich will geradeheraus mit Ihnen sein: Einwandbehandlung bedeutet für den Verkäufer eine Menge Arbeit. Und zwar nicht im Verkaufsgespräch, sondern lange vorher. Vielleicht Tage, Wochen, Monate oder sogar Jahre vorher. Denn Einwandbehandlung müssen Sie genauso lernen wie eine Fremdsprache.

Ein guter Verkäufer lernt diese Vokabeln, Redewendungen, Sätze und Argumente auswendig. So wie Sie damals in der Schule Latein- oder Englischvokabeln pauken mussten, so muss auch der Verkäufer pauken. Mir ist das am Anfang reichlich schwergefallen. Als junger Verkäufer habe ich gedacht, dass ich das mit meiner Spontaneität und meiner großen Klappe einfach so könnte. Ich bin Individualist, ich kann meine eigenen Sprüche gut genug. ... Irrtum! Am Lernen, am Auswendiglernen führt kein Weg vorbei. Und vertun Sie sich nicht: Das Lernziel ist eben nicht, möglichst viele auswendig gelernte Phrasen vor dem Kunden zu dreschen. Das Ziel ist vielmehr, den Wortschatz Ihrer Verkaufsvokabeln so weit zu vergrößern, dass Sie bei jedem beliebigen Kunden in jeder beliebigen Verkaufssituation, bei jedem beliebigen Einwand immer zwei oder drei passende und angemessene Antworten parat haben. Passend und angemessen heißt hier: Entsprechend der Situation, entsprechend dem Kunden und entsprechend Ihrer Persönlichkeit.

Es ist nichts anderes, wie der Pfarrer, der vorbereitet in die Predigt geht und der seine Bibelstellen immer parat hat, wenn ein zweifelnder Gläubiger mit einem Einwand kommt. Oder wie Jürgen Klopp, als er noch den FSV Mainz trainierte. Der antwortete auf die Frage, warum seine Mannschaft mit einem so kleinen Etat so guten Fußball spielte: »Ich habe meinen Spielern beigebracht, dass sie immer da sind, wo der Ball als Nächstes hinkommt.«

Ran an die Grenze!

Michael Schumacher hatte 2010 im Grand Prix von Ungarn seinen ehemaligen Teamkollegen Rubens Barrichello rüde abgedrängt. Dafür kassierte er eine harte Strafe: In seinem Lieblingsrennen in Spa beim belgischen Grand Prix wurde er um zehn Startplätze zurückgestuft. Schumachers Kommentar: »Ich mache einen Job, und den will ich bis zum absoluten Maximum erfüllen. Wenn du gewinnen willst, gehst du an alle Grenzen. (...) Und dann gibt es kein Rechts und kein Links, nur diesen Weg. Du musst manchmal brutal sein, auch zu dir selbst, wenn du im Wettbewerb stehst.« – Dabei war Schumacher keineswegs uneinsichtig. Ihm war vollkommen bewusst, dass er eine Grenze überschritten hatte. »Ich habe gelernt, dass es zu hart war. (...) Das habe ich registriert und akzeptiert. (...) Es war aber nie meine Absicht, Rubens in die Mauer zu drücken!«

Wer nicht an die Grenzen geht, weiß nicht, wo sie sind! Manchmal ist es für einen Verkäufer einfach nötig, etwas zu wagen, ohne vorher eindeutig kalkulieren zu können, wie die Sache ausgeht. Wenn Sie als Verkäufer nicht einmal pro Woche von einem Kunden hören: »Sie sind mir zu hartnäckig. Das geht mir zu schnell.« Wenn Sie das nicht hören – dann haben Sie noch Luft nach oben.

Als sich ein Unternehmer bei mir meldete, um für seine Verkaufsmannschaft ein Training auszuhandeln, ging es wie so oft um den Preis: »Mensch, Limbeck, wir wissen ja, dass Sie nicht über Ihr Honorar verhandeln lassen. Das ist ja schon ganz schön teuer. Ich weiß nicht, ob Sie nicht eine Nummer zu gut sind für meine Leute. Wahrscheinlich wäre das Perlen vor die Säue geworfen, sodass es sich nicht lohnt, Sie zu engagieren.«

Ich überlegte nur ganz kurz. Es war klar, in diesem Moment war der Auftrag weg. Mit Standardsprüchen kam ich jetzt nicht mehr zum Ziel. Es war an der Zeit, etwas Mutiges zu tun. Meine Antwort: »Zwei Dinge: Zum einen bekommen Sie ohnehin die Hälfte meines Honorars vom Finanzamt zurückerstattet. Und zum anderen: Wer als Unternehmer so über seine Mannschaft denkt, der sollte nicht über Perlen oder Säue reden. Sondern über seine eigene Einstellung gegenüber seinen Leuten nachdenken. Vielleicht könnte das ja der Grund sein, warum die keine besseren Leistungen bringen.«

Oh, oh, oh! Es gab eine Pause. Ich hörte förmlich in der Stille, wie der Mann mit seinem Ego kämpfte. Ich hatte in dem Moment keine Ahnung, wie meine Chancen standen, denn ich war über die Grenze gegangen, und jenseits der Grenze gibt es keine Straßenkarten.

Der Unternehmer war aus gutem Holz geschnitzt. Er sagte: »Jetzt schlagen Sie mich auch noch mit meinen eigenen Waffen. Das war hart!«

Aber er warf mich nicht raus. Er buchte mich. Nicht trotz, sondern gerade weil ich so hart, klar und ehrlich geantwortet hatte. Er wusste, dass ich genauso seinem Team gegenüber auftreten würde. Und das war der entscheidende Punkt, den ich gemacht hatte. Der brachte mir den Job. Wäre ich innerhalb der Grenzen geblieben, wäre ich raus gewesen.

Aber klar, es hätte mir auch passieren können, dass ich hochkant rausgeflogen wäre und zehn Startplätze zurückgestuft. Das weißt du immer erst hinterher.

Mein Blog-Leser Andreas Nolden hat auch mal eine Grenze überschritten, und zwar aus Versehen. Das war nicht hart, sondern lustig. Aber es hat auch gezeigt, wie ein Nein in der Akquise zu bewerten ist. Hier seine Antwort auf meinen Blog-Beitrag »Never give up«:

> »Ich kann eine kleine Geschichte aus meinem ›geschäftlichen‹ Leben erzählen. Zu meiner Anfangszeit … ich war als Terminierer für eine Unternehmensberatung am Telefon unterwegs … telefoniere ich also die Liste ab (…)
>
> Einmal hatte ich eine Unternehmerin dran, die partout nicht wollte. Zehn Minuten mit ihr rumgeeiert … irgendwie klang es, als wollte sie doch, aber irgendwie nicht … Ich habe sie nicht gekriegt.
>
> 50 Namen weiter unten auf meiner Liste stand ihre Telefonnummer wieder. Habe ich erst gar nicht gemerkt. Nach meinen ersten Worten sagte sie: »Ah, schön, dass sie nochmal anrufen … ich hab mir das nochmal überlegt … lassen sie uns einen Termin machen.«

Ecke von rechts: Standards, wenn's kritisch wird

Es ist schon ganz schön lange her. Es war die Zeit vor Youtube und Facebook. Die Zeit, in der noch nicht jeder eine eigene Website hatte und in der Fotos noch per Briefpost verschickt wurden. Ich war ein junger Trainer, hatte das Foto meines neuen Kunden in der Tasche und wartete an einem Gate des Frankfurter Flughafens, um ihn in Empfang zu nehmen. Ein Klassiker also: das erste Kennenlernen, der erste Satz, die Begrüßung, die Einstiegssituation mit dem Kunden.

Der Mann kommt aus dem Gate, ich gehe auf ihn zu und sage freundlich: »Na, hatten Sie einen guten Flug?«

Darauf er: »Sonst wäre ich ja wohl nicht hier, oder?«

Oh, Mann! Voll auf die Zwölf! Limbeck, der schlagfertige, wortgewandte Verkaufstrainer – macht was? Begrüßt seinen Kunden zur Akquise mit einem Dämlack-Satz. Einem Nullsatz. Einer Fahrstuhlmusik-Phrase.

Solche Situationen kommen nun mal vor. In Fettnäpfchen tappen Sie einfach mal. Krisenhafte Situationen passieren. Bisweilen wird es richtig eng. Gut, wenn Sie dann ein paar Standards draufhaben, ein paar Rettungsboote.

Wie rette ich jetzt also die Situation? Überspielen? Überhören und ignorieren? Ein Witzchen reißen, um die Situation zu entspannen? Wird alles nicht funktionieren. Nicht hier und nicht in den anderen Situationen, von denen ich Ihnen gleich erzähle. Die Grundhaltung, die dagegen fast immer funktioniert: Ich bleibe einfach ehrlich und natürlich und authentisch und aufrecht und wahrhaftig. Gerade jetzt, wenn es auf der Kippe steht, packe ich mein Ego weg. Ein Schuss Demut, ein Löffelchen Bescheidenheit, dann wird alles gut. Meistens.

Hier in der Ankunfthalle habe ich dem Kunden schlicht einen verdienten psychologischen Sieg gegönnt. Du musst auch verlieren können! Ich sagte: »Eins zu null für Sie. Das war tatsächlich eine Idiotenfrage. Wo wollen wir hingehen für die Besprechung?« – Rettungsboot Nummer eins.

Eisregen, Blitz und Donner

Erst vor Kurzem hatte ich eine ähnliche Situation. Da gab ich auch meine Ungeschicklichkeit zu und kombinierte das dann noch mit einem Kompliment. Rettungsboot Nummer zwei. Das war so: Ich hatte den Vertriebsdirektor einer großen Firma am Telefon. Wir kennen und schätzen uns seit Jahren. Vermutlich deshalb, weil wir beide uns so ähnlich sind: Zwei Männer mit einem Riesen-Ego. Wir besprachen das nächste Seminar und gingen die Details durch. An einer Stelle des Gesprächs schlug ich die eine oder andere neue Themeneinheit vor. Am anderen Ende der Leitung – Schweigen. So wie im Western immer eine einsame Zikade zirpt und der Wind gerade einen Ginsterbusch durchs Bild weht.

Ich war perplex. »Na, was sagen Sie dazu?«, fragte ich, um die Spannung aufzulösen. Daraufhin er mit dem Anflug eines Grinsens in der Stimme: »Hach, die Macht des Schweigens. Ist doch immer wieder nett.«

Tja, er hatte mir tatsächlich den Ball durch die Beine gespielt. Mit seinem Schweigen hatte er mir die Initiative aus der Hand genommen. Respekt, in dem Moment, da war er wirklich einen Tick besser als ich. Macht nichts, denn nicht jedes Spiel wird zu null gewonnen. Nächstes Mal werde ich aufmerksamer sein. Ich sagte: »Null zu eins. Es ist immer wieder schön, mit Vollprofis zu tun zu haben!«

Schwieriger wird es, wenn die Gefühle in den Weg kommen.

Situationen wie diese lassen sich noch relativ einfach lösen, weil sie dem Kunden lediglich signalisieren, dass der Verkäufer etwas nachlässig war. Schwieriger wird es, wenn dem Verkäufer seine Gefühle in den Weg kommen. Ich meine natürlich nicht die guten Emotionen wie Warmherzigkeit und Sympathie. Ich meine die Gefühle, die Sie an anderen Menschen auch nicht ausstehen können: Überheblichkeit, Taktlosigkeit und Anmaßung.

Vermutlich ist davor keiner von uns gefeit. Ich jedenfalls nicht. Die Frage ist dann nur: Was machst du dann? Bekommst du dein Ego dann noch in den Griff? Mir ist das bei meinem ersten Vortrag im »Club 55« passiert, der European Community of Experts in Marketing and Sales. Wer hier aufgenommen wird, muss vorher eingeladen werden. Dabei ist die Fürsprache anderer Mitglieder nötig, darüber hinaus hält der Aspirant einen Vortrag. Erst anschließend entscheiden die Mitglieder, ob er aufgenommen wird oder nicht.

Ich war Anfang dreißig, hatte meine ersten Erfolge schon gefeiert und war der jüngste Trainer, der bis dato im Club 55 aufgenommen werden sollte. Ich lieferte einen Vortrag ab, der von meinen heutigen Standards aus gesehen eher mittelmäßig war. Das war aber nicht das Problem.

Im Auditorium saß eines meiner allergrößten Vorbilder: Hans-Uwe Köhler. Während meines Vortrages hatte ich gesehen, wie er immer wieder einmal etwas auf seinen Notizblock schrieb. Ich war so überrascht, dass ein Großer wie er offensichtlich etwas von dem aufschrieb, was ich – das Greenhorn – zu sagen hatte, dass ich im Bruchteil einer Sekunde die Zügel schleifen ließ. Ich ging ins Publikum einen Schritt zu ihm hin und ließ mich hinreißen zu sagen: »Das ist ja fein, dass Sie was mitschreiben, Herr Köhler, dann lernen Sie hier noch was.«

Krk. Die Atmosphäre rastete ein. Mir wurde eiskalt. Dann heiß. Ich merkte, wie die Blicke aller Menschen im Raum ihren Schnittpunkt genau hinter meiner Stirn hatten und mich im Raum festtackerten. Obwohl Blicke nicht töten können, wäre ich in dieser Sekunde gerne tot umgefallen. Hätte ich in dem Moment nicht auch einen freundlichen Blick von Nikolaus Enkelmann aufgefangen, wäre mein Vortrag kollabiert.

Meine einzige Chance, irgendwie über die Runden zu kommen, bestand darin, mich voll auf diesen einen warmen Blick in einem Meer aus Eis zu konzentrieren. Rettungsboot Nummer drei ist: Such den Strohhalm und klammere dich daran fest!

Eine der größten Gefahren am Erfolg ist, dass er einen überheblich machen kann. Und an diesem Tag war ich ein taktloser überheblicher Trottel. So, als hätte der Yogalehrer der Volkshochschule Kleinkleckersdorf dem Dalai Lama Tipps zur Meditation gegeben.

An diesem Tag war ich ein taktloser, überheblicher Trottel.

Wer diese Art von Fehlern macht, ist auf die Großmut anderer angewiesen. Ich hatte Glück, denn Hans-Uwe Köhler hat nach meinem Vortrag zu Recht kommentiert, es werde wohl noch eine Weile dauern, bis ich einer der Großen werden würde. – Wenn Sie genau hinschauen, war da schon ein verstecktes Kompliment eingebaut. Was mehr über Hans-Uwe Köhlers menschliche Größe aussagte, als über meine wahren Zukunftsperspektiven.

Neulich stand Hans-Uwe Köhler mit Edgar K. Geffroy, einem anderen der Großen, nach einem Auftritt von mir zusammen und sagte zu ihm: »Dass der Limbeck so gut geworden ist, liegt daran, dass ich ihn immer so getriezt habe.« – Ja, er hat mich immer angespornt, und er ist für mich eine Benchmark. Ich kann mich glücklich schätzen, ihn heute zum Freund zu haben!

Außer gefrierenden Atmosphären gibt es auch noch die katastrophalen Momente, wenn Sie merken, dass gleich alles um Sie herum explodieren wird. Die Situationen, in denen die Stimmung beim Verkaufsgespräch so aufgeladen ist, dass sich gleich alles in einem schrecklichen Gewitter entladen wird. Die Luft knistert, gleich wird der Blitz einschlagen! In einem solchen Klima ist es für einen guten Verkäufer unverzichtbar, sein Ego und seine Emotionen im Griff zu haben. Eine vergleichbar einfache Strategie ist, sich nicht so wichtig zu nehmen und das Tempo zu drosseln: »Herr Kunde, das ist allerdings ein interessanter Aspekt. Wenn ich das richtig verstehe ... Habe ich das so richtig verstanden?«

Durch das Zusammenfassen nehmen Sie den Druck raus. Sie drehen wie ein Pilot noch eine Runde über dem Flughafen, bis er die Information vom Tower bekommen hat, um sicher auf der richtigen Piste zu landen. Rettungsboot Nummer vier.

Manche Top-Verkäufer-Persönlichkeiten kommen auch mit Situationen zurecht, in denen schon die ersten Blitze zucken und es donnert und kracht. Aber dafür braucht es eine Menge Selbstsicherheit und Mut. Ich habe eine Situation erlebt, in der ein Spitzenverkäufer die Nerven hatte, mitten in der hitzigen Verhandlung aufzuspringen und zu rufen: »Das wird mir jetzt zu eng!« Dann zog er sein Sakko aus und sagte: »Meine Herren, ich gehe mal für kleine Jungs. Sie könnten inzwischen frischen Kaffee besorgen.«

Die Unterbrechung war genau zum richtigen Zeitpunkt gekommen. Alle hatten dadurch einmal tief durchatmen können. Nach der Kaffeepause war das Verkaufsgespräch konstruktiv weitergegangen, um dann am Ende doch noch zu einem Erfolg zu werden. Reißleine. Rettungsboot Nummer fünf.

Noch ein Rettungsboot, Nummer sechs: Wenn Sie schon am Anfang merken, dass Sie den Einstieg versaut haben und das Barometer nach unten wegsackt, versuchen Sie es hiermit: »Mein Einstieg heute ist total misslungen. Bitte warten Sie einen Moment. Ich gehe kurz raus. Dann komme ich wieder herein und fange neu an.« – Möglicherweise haben Sie damit das Eis gebrochen.

Zurück auf den Boden des Gesprächs

Je länger Sie als Verkäufer im Geschäft sind, desto größer die Wahrscheinlichkeit, mal in eine Situation zu geraten, für die es praktisch keinen Ausweg gibt. Jedenfalls nicht für den Verkäufer.

In einem Pharmaunternehmen sollte ich die Pharmareferenten schulen. Die Vorgabe für die Verkäufer war, wie in der Branche üblich, regelmäßig die Arztpraxen abzuklappern und Gespräche über immer neue Themen mit den Ärzten zu führen. Die Marketingabteilung des Unternehmens war dafür zuständig, die Gesprächsleitfäden und die Produktunterlagen zu erstellen.

Normalerweise würde ich jedem Unternehmen dazu raten, Vertriebsleitung und Marketingleitung an denselben Schreibtisch zu setzen. Die Vorteile sind offensichtlich, denn beide Abteilungen haben dasselbe Ziel und müssen an demselben Strang ziehen.

In meinem Fall war das anders. Hier saßen die Vertriebsdirektorin und die Marketingleiterin nicht nur an unterschiedlichen Schreibtischen, sondern lebten in verschiedenen Universen. Verfeindeten Universen. Die eine Abteilung beschwerte sich, dass ihre Marketingunterlagen zu wenig vom Verkauf wahrgenommen würden. Während sich die andere beklagte, dass es dem Verkäufer in der Praxis überlassen werden sollte, wie er beim Kunden vorgehen wolle. Plötzlich befand ich mich zwischen den Fronten eines Konfliktes, bei dem es, gleichgültig wer gewinnen würde, garantiert immer einen Verlierer geben würde: mich.

Da würde es garantiert nur einen Verlierer geben: mich.

Es kam, wie es kommen musste: Ich wurde als Vorwand der jeweils anderen Partei benutzt. »Limbeck hält Marketingunterlagen für nutzlos«, verwendete mich die eine. Und die andere: »Aber nur, weil Limbeck die Unterlagen gar nicht erhalten hat!« Und so weiter.

Ich war also eigentlich an der falschen Stelle. Diese Firma brauchte einen Mediator für die beiden Führungskräfte – keinen Trainer für die Verkäufer in dieser Situation. Solange zwei Abteilungen ihre Energien darauf verwenden, eine persönliche Fehde auszufechten, ist ein Training nutzlos. Als der große Komiker Karl Valentin gefragt wurde, was er tun würde, wenn er als Cowboy in eine Schlucht ritte und an einem Ausgang die Komantschen, am anderen die Sioux lauerten, sagte er: »Was habe ich denn in einer Schlucht zu suchen?«

Hätte ich das vorher gewusst, dann hätte ich den Auftrag gar nicht erst angenommen. Aber trotzdem war ich mittendrin, und es blieb mir nichts anderes übrig, als klar und wahr zu bleiben und zu versuchen möglichst keine Kugel abzubekommen. In dem Fall ist es mir nicht ganz gelungen. Ich hatte wohl bei der einen Partei etwas über die Gesprächsleitfäden gesagt, was die gegen die andere verwendet hatte, was mir den Vorwurf der anderen einbrachte, ich wäre ihr in den Rücken gefallen. Was sollte ich da tun? Ich entschied mich für das Rettungsboot Nummer sieben: Mich zu entschuldigen.

Wenn ein Verkäufer noch nicht mal selbst in ein Fettnäpfchen getreten ist, sondern geschubst wurde, bleibt ihm oft dennoch nichts anderes übrig, als das als Fehler zu deklarieren und zuzugeben und sich dafür zu entschuldigen.

Glücklicherweise sind solche verzwickten Situationen selten. Viel häufiger, ja ich behaupte sogar am allerhäufigsten, werden die Kunden von den Verkäufern ins Koma gequatscht: wie eine endlos lange C-60 Kassette auf Autoreverse. Und was passiert dann? Der Kunde schaltet innerlich ab. Wer innerlich abgeschaltet hat, kann nicht mitbekommen, wenn der Verkäufer endlich auch zum Punkt kommt und seinen Abschluss machen will. Ein Kunde, der nicht sofort dem Satz des Verkäufers zustimmt, hat möglicherweise innerlich doch zugestimmt, überlegt aber gerade, wie er das Produkt einsetzen will. Während der Verkäufer denkt: »Aha, der zweifelt – da muss ich noch ein Argument draufsetzen.« Das macht den Kunden noch stiller. Den Verkäufer noch panischer, und er textet weiter und weiter und weiter.

Irgendwann merken Sie vielleicht, dass der Kunde nicht mehr am Gesprächsfaden hängt, dass Sie auf dem Wege nicht mehr zurückkommen. Dann können Sie aus Ihrem Trip aussteigen und wieder zu Ihrem Kunden auf die Erde zurückfinden, indem Sie eine offene Frage stellen, um herauszufinden, worüber der Kunde gerade nachdenkt: »Herr Kunde, wie wichtig ist es für Sie, dass ...? Herr Kunde, worauf legen Sie denn besonders Wert bei ...?« – Rettungsboot Nummer acht.

Warten Sie nicht darauf, dass der Kunde endlich sagt: »Ja Herr Verkäufer, Sie haben recht. Hiermit bestätige ich, dass ich Ihr Produkt kaufen will.« Wenn Sie auf so einen oder einen ähnlichen Satz warten, werden Sie den Abschluss verpassen. Der Kunde artikuliert viel eher einen Einwand oder eine Absage als ein blumiges Ja.

Es ist die Aufgabe des Verkäufers, das Kundengespräch zum Abschluss zu bringen, nicht die des Kunden. Stellen Sie die Abschlussfrage! Rechtzeitig! Wenn es dem Kunden zu schnell geht, wird er es Sie garantiert wissen lassen. Also: »Wohin soll ich die Auftragsbestätigung schicken? Wie lautet die Lieferadresse? Wann wäre es Ihnen am liebsten, dass wir die Ware anliefern?«

Statusspiele

Eine weitere Sorte Krise: schlechte Vorbereitung. Von zehn misslungenen Verkaufsgesprächen scheitern neun an mangelnder Vorbereitung. Wenn Ihnen das also passiert, dann sind Sie vielleicht nicht der beste Verkäufer, aber doch wenigstens nicht der Einzige.

Ihnen schwimmen also gerade die Felle davon. Der Einwand des Kunden hat Sie eiskalt erwischt und Ihnen fällt auf Biegen und Brechen kein Spruch dazu ein – denn Sie haben Ihre Liste nicht geübt! Das Rettungsboot Nummer neun für diesen Schiffbruch heißt: dezente Anerkennung. »Herr Kunde, gut, dass Sie noch mal so kritisch nachfragen. Dass Sie sich bei einer solchen Investition absichern wollen, ist doch klar. Gerade dann, wenn Sie dieses Produkt bei Ihren Mitarbeitern einsetzen wollen, bringt Ihnen das den folgenden Nutzen ... Wie wichtig ist Ihnen dieser Nutzen? Und wann wollten Sie unser Produkt denn spätestens in Ihrem Haus einsatzbereit haben?«

Klar, was hier abläuft? Das war: dezente Anerkennung – Nutzenaussage – Abschlussfrage. Ein kompletter Spielzug.

Die andere Möglichkeit ist, während des Verkaufs ein möglichst gutes Analysegespräch zu führen, um Ihr Informationsdefizit aufzuholen. Diese Strategie birgt allerdings die Gefahr, dass Sie dem Kunden offenbaren, WIE schlecht Sie vorbereitet sind. Das kann gutgehen – oder auch nicht. Alles hängt davon ab, wie sympathisch und authentisch Sie als Person wirken, und wie gut Sie Ihren Kunden einschätzen. Und ob Sie glauben, dass der das nicht auf Ihr Minuskonto anrechnet.

Gleichgültig, wie solch eine Situation abläuft, wer ein guter Verkäufer sein will, muss sich auch hier treu bleiben und ehrlich sein. Wissen vorspiegeln, so tun als ob, hilft nicht. Im Gegenteil, Kompetenz vorzuspielen ist sogar extrem kontraproduktiv: Mal seinen Text bei der Theateraufführung zu vergessen ist eine Sache, die vielleicht noch zu verzeihen ist. Dafür gibt's Souffleure. Aber ein schlechter Schauspieler, der noch nicht mal seinen Text kennt, wird nur Buhrufe ernten.

Die nächste Situation, das nächste Rettungsboot, nämlich Nummer zehn: Der Kunde lässt den Verkäufer spüren, dass er der König ist. Er behandelt den Verkäufer wie einen Dienstboten von oben herab. Der Druck, der in diesem speziellen Mechanismus ausgeübt wird, funktioniert meistens über Geld. Das heißt entweder über den Preis, die Rabatte, die Zahlungsziele oder Storno-Regelungen.

Für den neuen Hardseller ist es absolut tabu, den Bückling zu machen, devot zu werden und zu kriechen. Der neue Hardseller hat seinen Preisstolz. Ein hohes Preis-Leistungs-Niveau bedeutet nicht einfach nur einen hohen Preis, sondern auch eine hohe Leistung und ein hohes Niveau. Und wenn der Kunde dem neuen Hardseller auf Gutsherrenart begegnet, dann zeigt der Verkäufer wohlwollend höflich Rückgrat und zwingt die Konstellation wieder auf Augenhöhe zurück: »Herr Kunde, mal Hand aufs Herz. Wir sind doch beide Profis und wir beide machen das Geschäft lange genug, ... wissen wir doch beide, dass wir nicht ...«

Für den neuen Hardseller ist es tabu, den Bückling zu machen.

Oder: Sie sind beim Kunden. Plötzlich klingelt dessen Telefon. Was nun? Sagen Sie: »Telefonieren Sie ruhig?«

Nein! Augenhöhe! – Mein Angebot, Rettungsboot Nummer elf: Sie sagen gar nichts, schauen dem Kunden aber freundlich und bestimmt ins Gesicht. Passiert das ein zweites Mal, sagen Sie freundlich aber bestimmt: »Ich sehe schon, bei Ihnen ist ja heute richtig viel los. Wollen wir unseren Termin nicht lieber verschieben oder die Anrufe ans Vorzimmer umleiten lassen? Denn: Mir ist wichtig, dass wir die Zeit optimal nutzen, damit wir für Sie das Beste herausholen.«

Oder: Der Kunde fragt Sie, ob Sie etwas zu trinken wollen. Sie sagen: »Nein danke, ich hatte beim letzten Kunden schon Kaffee.«

Na? Würden Sie auch so antworten, wenn Ihnen Ihre schwerreiche Erbtante gegenübersäße? Natürlich nicht. Sie müssen ein Getränk immer annehmen! Sonst sagen Sie damit nichts anderes aus als: Deine Plörre kannste selber saufen und beim letzten Kunden hat's mir sowieso besser gefallen! Wenn Sie bei dieser Ablehnung bleiben, können Sie auch gleich einpacken.

Wenn Sie es jetzt noch rechtzeitig merken, schieben Sie sofort ein Rettungsboot Nummer zwölf hinterher: Sie reden einfach weiter und nehmen in Kauf, sich partiell zu widersprechen: »Aber wissen Sie was? Der riecht schon so gut, ich nehme doch einen!« Oder: »Aber wenn Sie für mich ein Glas Wasser hätten, würden Sie mich frisch und munter erhalten, das nehme ich gerne! Vielen Dank!« – Und wer sagt denn, dass Sie austrinken müssen?

Noch ein Standard. Sie präsentieren Ihr Angebot: »Lieber Kunde, ich mache Ihnen folgenden Vorschlag: Ich biete Ihnen ein sensationelles Produkt an. Unsere Firma präsentiert Ihnen das allerneueste Dingsda. Dazu geben wir Ihnen die Garantie auf ein glückliches Leben.«

Haben Sie gemerkt, wo der Fehler versteckt war? Na, kommen Sie – der Fehler war fast überall! Im Verkaufsgespräch geht es nicht um den Verkäufer und seine Firma. Es geht um den Kunden. Den Kunden interessiert nicht, was der Verkäufer tut und macht – er will stattdessen wissen, was er davon hat. Also weg mit dem ich gebe, ich biete, wir präsentieren. Weg mit den Vorschlägen. Her mit den Angeboten: »Herr Kunde, Sie erhalten, Sie bekommen ...« – Wenn Sie rechtzeitig merken, dass Sie von sich sprechen anstatt vom Kunden, steigen Sie ins Rettungsboot Nummer dreizehn: Löschen Sie die falschen Sätze, indem Sie sie einfach wiederholen, diesmal aber richtig: Sie statt Ich!

Und noch einer: Sie verkaufen am Telefon, der Kunde legt einfach auf. Zack! – Was jetzt? Traurig sein? Wunden lecken? Pause machen, einen gewaltfreien Tee trinken und meditieren, bevor Sie den nächsten anrufen?

Wie wäre es damit: Sofort noch mal anrufen und sagen: »Herr Kunde, wir sind gerade so plötzlich unterbrochen worden ...«

Die Chance, dass der Verkäufer dem Kunden damit einen Lacher entlockt, ist relativ groß. Und wer erstmal einen Lacher hatte, bei dem wird nicht so ohne Weiteres mehr aufgelegt. Rettungsboot Nummer vierzehn.

Abschluss: Sauber bleiben

Ach, Sie sind also einer von diesen neuen Hardsellern? Okay, Sie wollen mir etwas verkaufen. Na gut. Wie wär's, wenn wir das während einer Partie Billard erledigen? Na, komm schon! Billard ist auch nicht schwieriger als Ihr täglicher Verkäuferjob.

Also: Was brauchen wir? Einen Pool-Billardtisch mit sechs Löchern. Ein Queue. Einen Kreidewürfel. 16 Kugeln.

Und Sie? Haben Sie alles? Ich sehe schon: Produkte, Dienstleistungen, Termine, Verkaufsargumente ... Fangen wir an, ich lasse Ihnen den Vortritt!

Sie haben sich vorbereitet, gut. Sie kennen den Kunden und Sie wissen, wie das Spiel funktioniert: Die weiße Kugel in das Kopffeld. Die fünfzehn anderen im dreieckigen Rahmen gegenüber. Die schwarze Kugel an zweiter Stelle vorne in der Mitte, die wird in Drehung versetzt, dann den Rahmen hoch. Auf geht's! Der Break-in: Mit freundlichem, satten Anstoß bringen Sie das Spiel aber ganz schön ins Rollen, Herr Verkäufer. Respekt! Die Einstellung stimmt.

Klack, klack, klack, die Kugeln verteilen sich, Sie haben eine Spielsituation geschaffen. Und beim Kunden erste Punkte gesammelt. Haben Sie's im Griff? Sie die halben, ich die vollen Kugeln. Jeder muss wissen, wer er ist. Nun bin ich dran. Ha! Die 5, die 1 und die 7 habe ich schon versenkt. Aber mein Break ist zu Ende. Jetzt Sie. Mal sehen, was Sie so drauf haben. Nein, das ist kein Einwand, ich bin nur neugierig. Ehrliches Interesse. Man muss Menschen mögen.

Ich sehe schon, Sie haben ein gutes Auge. Die Nutzenargumentation hat gesessen. Über die Bande zwei auf einmal, das war geschickt! Das nenne ich Fokus! Sie sind zwei in Führung. Jetzt ruhig bleiben. Keine unnötigen Experimente und keine krummen Stöße, sauber und ehrlich bleiben, aufrechte Haltung! Behalten Sie die schwarze 8 im Blick! Was Sie wollen ist klar. Aber Sie müssen auch immer wissen, was der Kunde will. Break!

Na gut, jetzt hole ich mir die 3. Ab ins mittlere linke Loch. Wir kommen dem Abschluss näher. Wie steht's mit dem Preis?

Autsch! Ihr Stoß auf die 12 ist wohl doch etwas übers Ziel hinausgeschossen. Sie haben meine 2 gleich mitversenkt. Jetzt wird's eng für Sie! Ihr Käufer verschränkt die Arme. Weitermachen! Ego wegpacken! Ball wieder aufnehmen! Einen Punkt im Rückstand, aber das holen Sie schon wieder auf, Herr Verkäufer. Jetzt einen einfachen Stoß, einen Standard wenn's kritisch wird.

Sie haben recht: Nehmen Sie sich etwas Kreide, damit Sie beim nächsten Stoß besser treffen. Noch ein Impuls nötig. Es kommt nur auf den Abschluss an. Die 8! So viele Kugeln sind ja nun nicht mehr übrig.

Ja! Das war ein Meisterstoß – die schwarze 8 mit Ansage ins linke Eck. Sie haben das Ding versenkt. Den Abschluss haben Sie in der Tasche.

War schön mit Ihnen zu spielen. Sie denken wie ein Top-Verkäufer. Bis zum nächsten Deal.

Verkaufen für Erwachsene

Ein Top-Verkäufer locht ein, weil er eine kompetente und sympathische Persönlichkeit ist, die genau deshalb überzeugen kann. Er ist eine solch gewinnende Persönlichkeit geworden, weil er fleißig dafür gearbeitet hat. Er hat an seiner Persönlichkeit gearbeitet. Er hat das kleine und das große Einmaleins seines Berufs gelernt. Er hat seine Hausaufgaben gemacht. Und er macht sie noch heute Tag für Tag, für jeden einzelnen Kunden, auf den er trifft.

So wie Flugkapitän Chesley B. Sullenberger jede Standardsituation und auch jede Ausnahmesituation im Flugsimulator immer und immer wieder durchgespielt hatte, über Jahrzehnte.

Kein Programm im Flugsimulator hatte ihn aber darauf vorbereitet, dass beide Triebwerke durch Vogelschlag ausfallen könnten, während sich die voll besetzte und voll betankte Maschine kurz nach dem Start immer noch über dicht besiedeltem Gebiet befindet. Er hatte keine Zeit. Er brauchte sofort eine Lösung.

Er packte den Steuerknüppel. Zum Co-Piloten sagte er: »Mein Flugzeug!« – Er nahm sein Leben und das aller Passagiere und das der Menschen unter ihm am Boden in beide Hände.

Schnell war klar, dass die Rückkehr zum Ausgangsflughafen nicht mehr möglich sein würde. Auch der nächstgelegene Flughafen Teterboro in New Jersey kam nicht mehr in Betracht, weil die Flughöhe dafür nicht mehr ausreichte, um dorthin im Sinkflug zu gleiten. Die Fluglotsen konnten keine Lösung anbieten. Er schob ihre hilflosen Vorschläge beiseite und entschied. Es blieb nur noch – der Hudson-River, mitten in New York vor Manhattan, die einzige große, breite, ebene Fläche für eine Landung, die einzige Fläche ohne Häuser und Menschen weit und breit. Zwischen dem Ausfall der Triebwerke und der Entscheidung für eine Notwasserung waren gerade mal dreieinhalb Minuten vergangen.

Es gab nur einen Versuch, keine zweite Chance. Sullenberger musste kurz vor dem Wasserkontakt die Nase des Fliegers hochziehen, damit das Flugzeug keinen Überschlag machte und auf dem Hudson zerbrach. Dabei mussten die Tragflächen exakt parallel ausgerichtet sein, damit die Triebwerke nicht ins Wasser schaufelten und das Flugzeug in eine Quer-Rotation versetzten. Und die Geschwindigkeit musste so niedrig wie möglich sein, aber gerade noch hoch genug, um einen Strömungsabriss an den Tragflächen zu vermeiden.

»Ich wusste, dass ich es schaffen würde«, sagte er später auf eine unglaublich professionelle und bescheidene Art. »Wir haben das getan, wofür wir ausgebildet waren.«

Ein Top-Verkäufer muss in seinem Beruf keine Leben retten. Aber er braucht ebenfalls mentale Stärke. Er braucht Selbstwertgefühl, Erfahrung und Professionalität, er braucht Konzentration auf das Wesentliche, Gelassenheit und den Glauben an die eigene Wirksamkeit. Die gleichen Eigenschaften wie der Held vom Hudson River.

Es braucht Selbstwertgefühl, Erfahrung und Professionalität.

Es wird immer die innere Einstellung sein, die einen dazu bringt, seine Chance zu ergreifen und zum Erfolg zu kommen. Selbstwertgefühl erzeugt Selbstsicherheit. Beides zusammen und dazu das Handwerkszeug, das er souverän beherrscht, lassen ihn auch kritische Situationen meistern und in mehr Fällen zum Abschluss kommen als der Durchschnitt. Nicht Angst bestimmt sein Handeln, nicht die Angst vor Fehlern, vor der Blamage, vor dem Nein, vor der Ablehnung, vor dem Verlust, vor dem Chef, vor den hohen Zielen, vor dem Versagen. Die gesamte innere Haltung, die Grundeinstellug, die Denke des Top-Verkäufers wird mit einem Wort am besten getroffen: Siegermentalität.

Wer diese Mentalität hat, urteilt nicht über seine Kunden. Sich statusmäßig nach oben anpassen kann jeder Trottel. Dafür muss er sich bloß einen Frack kaufen, eine Fliege umbinden und es schaffen, sich beim Galadiner nicht mit Messer und Gabel zu verletzen. Aber aus tiefstem Herzen auch die Putzfrau, den Taxifahrer, oder den Bettler zu respektieren, das ist die Kunst. Wer das kann, der muss auch nicht bei einem Kundentermin beim Vorstand wie das Kaninchen vor der Schlange zittern.

Wer denselben Respekt, den er vor allen anderen hat, auch für sich selbst aufbringt, der kleidet sich angemessen und zeigt seine Wertschätzung dem Kunden gegenüber in Höflichkeit, Takt und vor allem Pünktlichkeit.

Der hat auch dann eine Lösung, wenn er glaubt, er befinde sich hüfttief in einer Pechsträhne: Er nimmt ein großes DIN-A3-Blatt und schreibt seine Erfolge auf. Von Anfang an: Es begann schon damit, dass von einer Million Spermien nur ein einziges schnell genug war, die Eizelle zu befruchten, die zu seiner Existenz führte. Der erste große Sieg! Er hat Mumps und Röteln überwunden, das Seepferdchen im Freibad gemacht und die Grundschule geschafft. Hat Abi gemacht, ist Kreismeister beim Fußball geworden, hatte den Mut gefunden, diese wunderschöne Rothaarige in der Disco zu küssen. Dann hat er den Führerschein in Rekordzeit und ohne zweiten Anlauf geschafft, war Schulsprecher gewesen und hat irgendwann sein erstes großes Verkaufsgespräch mit Bravour gemeistert. Und dann sagt er sich: Das alles habe ich geschafft. Wie groß ist dann die Wahrscheinlichkeit, dass ich es auch jetzt wieder packe? Sehr, sehr groß, denn offensichtlich bin ich ein Sieger!

Als Verkäufer ist er immer sauber, ehrlich und fair geblieben. Auch wenn er mal schlitzohrig sein musste, um zu seinem Ziel zu kommen. Lügen war nie sein Ding, denn wie er die Wahrheit auch auslegen konnte: Zahlen, Daten und Fakten stimmten immer. Und wenn er sich vorstellt, wie nach einer 20-jährigen Kundenbeziehung sein Kunde von einem Geschäftspartner gefragt wird: »Na, wie ist denn dieser Verkäufer so?«

Dann wird er stolz darauf sein, dass sein Kunde sagen wird: »Guter Typ. Wirklich gut!«

Hart in der Sache, fair zum Menschen – das ist das Credo eines Top-Verkäufers, der so gut ist, dass er es nicht nötig hat, jemanden über den Tisch zu ziehen. Aber er ist auch kein Kuschler. Denn ein Verkäuferjob ist kein Klöppelkurs im Mädchenpensionat. Er wird immer auf Augenhöhe mit dem Kunden verkaufen, da bleibt er hart und lässt sich nicht herabstufen. Er wird sich immer perfekt auf den Kunden vorbereitet haben, um mit voller Überzeugung hinter seinem Produkt und seinem Unternehmen zu stehen, da bleibt er hart gegen sich selbst. Und er wird mit großer Willenskraft ins Gespräch gehen, weil er genau weiß, was seine eigenen Mindestanforderungen sind für diesen Deal an diesem Tag, da bleibt er hart gegenüber seinen Zielen.

Der Rest, und damit meine ich Glück und Erfolg, kommt von selbst. Auch dann, wenn es am Anfang nicht immer danach aussieht.

Verkauf nicht deine Seele!

»Limbeck, Sie müssen unbedingt einmal unseren Chef kennenlernen,« sagt der Personalleiter der angesehenen Firma. »Das ist wirklich wichtig, wenn Sie beim nächsten Mal zu uns kommen. Aber ich muss Sie vorwarnen: Es wäre besser, Ihren Porsche nicht vor dem Eingang abzustellen. Der Chef will nämlich keinen Sozialneid entfachen.«

Meinen Porsche verstecken? Das hieße, mich selbst zu verstecken. Warum? Das habe ich noch nie gemacht. Nichts da! Ich muss mich nicht verstecken, bloß weil ich erfolgreich bin. Außerdem ist dieses Auto auch Teil meines Lebens und auch Ausdruck meiner Leidenschaft und meiner Energie. Ich als Mensch habe auch viel Power und bringe meine PS auch auf die Straße. Kommt nicht in Frage! Das Risiko will ich eingehen. Der Chef kann ruhig kommen.

Ich fahre also bei dem Unternehmen vor. Meine Präsentation ist auf eine Stunde angesetzt, genügend Zeit, um abends rechtzeitig im Fußballstadion zu sein. »Mein« Verein Eintracht Frankfurt spielt um den Einzug ins Achtelfinale des DFB-Pokals gegen Alemannia Aachen, den Pokalschreck. Hopp oder Top.

Die Präsentation kommt gut an, aber ich komme nicht zum Hauptpunkt, der Anlass für meinen Besuch ist – der oberste Chef ist nicht da. Das Spiel wird um 19.00 Uhr angepfiffen. Ich muss also allerspätestens um zehn vor fünf losbrausen, um das noch zu schaffen. 16.38 Uhr, der Chef betritt den Raum, geht auf mich zu, begrüßt mich freundlich und selbstbewusst und beginnt gepflegt eine Unterhaltung. Um zehn nach fünf halte ich es nicht mehr aus: »Ich muss jetzt wirklich zum Fußball. Ich bin mit acht anderen Sportkameraden verabredet. Für mich ist Fußball das wichtigste Ventil, der wichtigste Ausgleich für meinen Job. Außerdem habe ich um eine Flasche Wein gewettet, dass wir heute Abend gewinnen. So leid es mir tut. Ich muss, nein, ich will jetzt gehen.«

Mit pedal to the metal fahre ich ab. Schaffe gerade noch den Anpfiff.

Habe ich den Auftrag verloren? Nein. War der Chef sauer? Nein. Haben Porsche oder Fußball den Chef gegen mich eingenommen? Nein. Ganz im Gegenteil. Inzwischen sind wir per du und begegnen uns nun schon seit Jahren voller Respekt und Sympathie.

Wenn du dir als Experte Respekt verschafft hast, ist es überhaupt nicht nötig, dich zu verbiegen. Und wer sich nicht mehr verbiegen muss, in dessen Universum ist Misserfolg nicht vorgesehen.

Über den Autor

Martin Limbeck ist *der* Hardselling-Experte im deutschsprachigen Raum. Seit fast 20 Jahren begeistert er mit seinem Insider-Know-how und praxisnahen Strategien Mitarbeiter aus Management und Verkauf. Nicht nur in seinen provokativen und motivierenden Vorträgen, sondern auch in den umsetzungsorientierten Trainings steht das progressive Verkaufen in seiner Ganzheit im Mittelpunkt. Dies hat ihn in den letzten Jahren zu einem der effektivsten und wirksamsten Trainer gemacht. Nach Ausbildungen zum Groß- und Außenhandelskaufmann sowie zum Fachkaufmann für Marketing bildete er sich in den USA und Europa weiter. Erfahrungen sammelte er zudem in verschiedenen Positionen als Vertriebsprofi, Key-Account-Manager und Führungskraft. Neben seiner vielseitigen und marktnahen Verkaufstätigkeit hat er zahlreiche Verkaufsschulungen konzeptionell entwickelt und praxisgerecht durchgeführt.

Martin Limbeck ist der Kopf des Martin Limbeck Trainings® Teams, Lehrbeauftragter im Bereich Sales Management an der European School of Business in Reutlingen, Mitglied des Club 55, der German Speakers Association und des Top-Trainer-Teams SALES MASTERs. Er ist Dozent des Zertifikatslehrgangs »Professional Speaking« der German Speakers Association und der Steinbeis-Hochschule Berlin (SHB). Im Jahr 2006 erhielt er den Internationalen Deutschen Trainingspreis in Bronze in der Kategorie Verkauf/Vertrieb für sein Konzept »DAS NEUE HARDSELLING® – Verkaufen heißt verkaufen«. 2008 wurde er mit dem 5 Years Award in Bronze vom BDVT (Berufsverband der Verkaufsförderer und Trainer e.V.)

ausgezeichnet. 2009 und 2010 ehrte ihn die »Vereinigung Deutscher Veranstaltungsorganisatoren e.V.« für seine exzellenten Leistungen als Business-Speaker und Trainer mit dem Conga Award und weist ihn damit als einen der Top-3-Referenten im deutschsprachigen Raum aus. Seine herausragenden Ergebnisse als Verkaufsexperte wurden zusätzlich durch die Wahl zum »Trainer des Jahres 2008« bestätigt.

Mehr Infos auf www.martinlimbeck.de.